餐饮空间设计

杨槟　成琨　主编

刘建伟　吴冰　王岩　唐宽欣
张璐　傅荣　何阁　高莹　副主编

天津大学出版社
TIANJIN UNIVERSITY PRESS

图书在版编目（CIP）数据

餐饮空间设计 / 杨槟，成琨主编 ； 刘建伟等副主编．
天津 ： 天津大学出版社，2025．5．-- ISBN 978-7-5618-
7975-7

Ⅰ．TU247.3

中国国家版本馆CIP数据核字第2025GK6209号

餐饮空间设计

CANYIN KONGJIAN SHEJI

出版发行	天津大学出版社
地　　址	天津市卫津路92号天津大学内（邮编：300072）
电　　话	发行部：022-27403647
网　　址	www.tjupress.com.cn
印　　刷	北京盛通数码印刷股份有限公司
经　　销	全国各地新华书店
开　　本	787mm×1092mm　1/16
印　　张	9.25
字　　数	180千
版　　次	2025年5月第1版
印　　次	2025年5月第1次
定　　价	59.00元

前言

餐饮空间设计在餐饮行业中不仅关乎餐厅的外观与氛围，更直接影响顾客体验、品牌形象和经营效益等多个方面。合理的空间布局、舒适的座椅、适宜的灯光和音乐设计，能够营造愉悦的就餐环境，提升顾客的用餐舒适度。独特的空间设计和装修风格成为餐厅的标志性特征，有助于加深顾客对品牌的印象与认知。餐饮空间设计是品牌文化和价值观的重要载体，通过设计元素的选择与组合，能够有效传达品牌的核心理念和特色。在竞争激烈的餐饮市场中，独特的空间设计能够帮助餐厅在众多竞争者中脱颖而出，形成差异化竞争优势。餐饮空间设计在提升顾客用餐体验、强化品牌形象、提高经营效益、体现文化氛围以及促进可持续发展等方面具有重要意义。

编者

2025 年 3 月

教学课件

餐饮空间设计绪论

设计的原则方法

空间的布置分类

空间设计程序分析

餐厅界面设计

设施的面积指标

自助餐厅赏析（学生优秀作品）

咖啡厅案例赏析（优秀学生作品）

360 全景效果图

北欧亲子餐厅

工业风餐厅

日式料理餐厅

现代风餐厅

中式餐厅

360 全景效果图

目录

项目一

餐饮空间基础认知

- 任务一　基础理论认知
- 任务二　餐饮空间设计原则和方法探究
- 任务三　餐饮空间功能分区解析
- 任务四　餐饮空间中的布置类型分类
- 任务五　餐饮空间分类中的组合形态设计

项目介绍

通过对本项目的学习，了解餐饮空间设计的基础知识，养成严谨的设计工作态度，掌握必要的设计理论，能够灵活地将理论知识应用到项目的设计当中。

知识目标

（1）掌握餐饮空间的概念、分类、发展历程及未来趋势等基本理论知识。

（2）掌握餐饮空间设计的基础理论、设计原则、方法技巧及行业规范。

（3）了解餐饮空间功能分区的重要性、基本原则和常见类型。

（4）学习并运用餐饮空间设计的基本原理和技巧，如色彩搭配、材质选择、灯光照明等，提升设计作品的视觉效果和实用性。

能力目标

（1）锻炼学生的设计实践能力，使学生能够独立完成餐饮空间的设计任务。

（2）培养学生在餐饮空间基础认知学习过程中应具备的实际操作能力。

（3）培养学生独立思考和创新能力，能够提出新颖独特的设计方案，满足不同客户群体的需求。

（4）培养学生在设计过程中的沟通协调能力，能够有效与客户、施工团队等相关方进行沟通协调，确保设计方案的顺利实施。

思政园地

（1）在餐饮空间设计中融入文化元素，不仅体现了对传统文化的尊重与传承，也促进了文化的交流与创新。通过空间设计讲述地域故事、展示文化特色，能够增强顾客的文化认同感，同时也能培养学生的文化自信和民族自豪感。

（2）在餐饮空间设计项目中，强调“敬业爱岗”的设计服务理念，培养学生的责任感，并帮助学生树立严谨的工作态度。通过模拟顾客体验、角色扮演等活动，让学生深刻理解做好设计服务工作的意义和价值，树立尊重他人的良好社会风尚。

（3）在餐饮空间设计中融入环保理念，推广绿色材料、节能设备的使用，减少资源消耗和环境污染。这不仅是响应国家生态文明建设号召的具体行动，也是培养学生环保意识、可持续发展观的重要途径。通过案例教学、实地考察等方式，让学生深入了解环保与可持续发展的重要性，并转化为实际行动。

数字资源

教学视频
CAD 制图

教学视频
项目制图

微课
VR 虚拟仿真项目赏析

微课
拓展微课

任务一　基础理论认知

一、餐饮空间定义

教学视频
餐饮空间设计基础知识

餐饮空间是指专门用于提供餐饮服务和满足人们饮食需求的场所，它涵盖了从顾客进入餐厅开始，到就餐结束离开的全过程中所处的所有物理空间。这些空间不仅包括了顾客直接用餐的区域，如座位区、包间、吧台等，还包括了为顾客提供服务支持的其他区域，如前台接待区、厨房区、储藏与备餐区、卫生间、休息区等。

餐饮空间的设计不仅关乎美学和装饰性，更重要的是其功能性、舒适性和顾客体验。一个优秀的餐饮空间设计应该能够营造出与餐厅定位、品牌形象相符的氛围，同时确保顾客在用餐过程中感到舒适和便捷（图 1.1.1、图 1.1.2）。这涉及空间布局、色彩与照明、装修风格、家具与餐具配置、通风与空气质量、动线规划等多个方面的综合考量。

随着消费者对用餐体验要求的不断提高，餐饮空间的设计也越来越注重个性化、差异化和文化特色的体现。通过巧妙运用设计元素和细节处理，餐饮空间可以成为传递品牌故事、文化理念和生活方式的重要载体，从而增强品牌的吸引力和市场竞争力。

图 1.1.1　包间餐饮空间

图 1.1.2　座位区餐饮空间

二、餐饮空间类型与布局

餐饮空间类型与布局是餐厅设计和运营的重要方面之一。通过合理的空间类型划分、功能区域布局以及布局设计要点的遵循，可以打造出一个既美观又实用的餐饮空间环境，为顾客提供优质的用餐体验和服务。

（一）空间类型划分

餐饮空间根据其用途、规模及风格特点，可以划分为多种类型。这些类型不仅满足了不同顾客群体的需求，也体现了餐饮市场的多样性和个性化。

1. 快餐式餐厅

快餐式餐厅注重高效快捷的服务流程，空间布局紧凑，座位安排以快速周转为目标。通常采用开放式厨房或透明隔断，让顾客看到烹饪过程，增加信任感。（图 1.1.3）

2. 主题餐厅

主题餐厅围绕特定主题进行设计和装饰，如复古风、海洋风（图 1.1.4）、动漫主题等。这类餐厅的空间类型更为丰富多样，通过独特的装修风格和氛围营造，吸引特定顾客群体。

图 1.1.3　开放式快餐厅

图 1.1.4　海洋风主题餐厅

3. 高端餐厅

高端餐厅追求优雅、舒适的用餐环境，空间布局宽敞，注重私密性和尊贵感。座位安排通常较为稀疏，以保证顾客之间的空间距离和安静氛围。（图 1.1.5）

4. 酒吧与咖啡厅

酒吧与咖啡厅是社交和休闲的好去处，空间布局更加灵活多样。吧台区、散座区、包间区等功能区域划分明确，同时注重营造轻松愉快的氛围。（图 1.1.6、图 1.1.7）

图 1.1.5　高端餐厅

图 1.1.6　酒吧

（二）功能区域布局

餐饮空间的功能区域布局是确保餐厅正常运营和服务质量的重要基础。根据餐厅的具体需求和定位，功能区域通常包括以下几个部分。

1. 前台接待区

前台接待区是顾客进入餐厅后的第一印象区，需要设置明显的标识和接待台。接待人员在此处负责引导顾客、解答咨询、接受预订等工作。（图 1.1.8）

图 1.1.7　咖啡厅

图 1.1.8　前台接待区

2. 就餐区

就餐区是顾客用餐的主要区域，其布局应考虑到顾客的舒适度、私密性和便利性。座位安排应合理分布，避免拥挤和干扰。同时，还需考虑通风、采光和照明等因素，营造舒适的用餐环境。（图 1.1.9）

3. 厨房区

厨房区是餐厅的核心功能区域，负责烹饪和制作美食。其布局应满足厨师的工作流程和卫生标准，确保食品质量和安全。厨房区通常包括烹饪区、备餐区、储藏区等子区域。

4. 储藏与备餐区

储藏与备餐区用于存放食材、餐具和备餐用具等物品。其布局应确保物品分类明确、取用方便，并保持整洁有序。

5. 卫生间与休息区

卫生间和休息区是餐厅的辅助功能区域，为顾客提供便利和舒适的额外服务。卫生间应保持干净整洁，休息区则可根据餐厅定位设置沙发、茶几等设施供顾客休息和等待。（图 1.1.10）

图 1.1.9　就餐区

图 1.1.10　休息区

（三）布局设计要点

在进行餐饮空间布局设计时，需遵循以下要点以确保设计的合理性和实用性。

1. 动线合理

顾客动线和服务动线应清晰明确且互不干扰。通过合理的空间规划和布局设计，确保顾客能够顺畅地进出餐厅并找到所需的服务和设施，服务人员也能高效地完成工作任务而不影响顾客用餐。

2. 空间利用率高

充分利用每一寸空间以提高餐厅的座位数量和翻台率。通过合理的座位安排和家具配置等手段实现空间的最大化利用，同时避免浪费空间或造成拥堵现象。

3. 视觉通透

保持空间的视觉通透性和开放性有助于增强空间感并提升顾客体验。通过采用透明隔断、开放式厨房等设计手段，让顾客感受到餐厅的宽敞明亮和卫生整洁。同时，也有助于促进顾客之间的交流和互动。（图 1.1.11）

4. 细节处理到位

细节决定成败。在餐饮空间布局设计中，应注重细节处理如灯光、色彩、材质等方面的选择和搭配。同时，考虑到不同顾客群体的需求和习惯差异，提供个性化的服务和设施以满足他们的需求。（图 1.1.12）

图 1.1.11 视觉通透的餐厅

图 1.1.12 具有漂亮墙体装饰的餐厅

（四）家具与餐具配置

餐饮空间中的家具与餐具配置是一个综合考量的过程，需要考虑到空间大小、装修风格、功能需求以及预算等多个因素。通过合理的配置和搭配，可以营造出既美观又实用的用餐环境，提升顾客的用餐体验和满意度。

1. 家具配置

1）餐桌配置

餐桌选择类型：常见的餐桌类型包括方形餐桌、圆形餐桌以及长条形餐桌。方形餐桌适合空间较大的餐厅，便于多人聚餐；圆形餐桌能营造温馨的家庭氛围，适合小空间或希望增加亲密感的场合；长条形餐桌则常见于西餐厅或需要较长用餐时间的餐厅。

餐桌尺寸：餐桌的尺寸应根据餐厅面积和预计容纳人数来确定。一般来说，餐桌的边长或直径不宜小于 1 m，以确保用餐者的舒适度。具体尺寸可参考如下：双人餐桌 80 cm × 80 cm，四人餐桌 140 cm × 80 cm，六人餐桌 180 cm × 90 cm（或圆形直径 110~130 cm），八人餐桌 220 cm × 100 cm（或圆形直径 130~150 cm）。

餐桌材质：餐桌的材质多样，包括木质、石材、金属等。木质餐桌温馨自然，但需要注意防潮防霉（图 1.1.13）；石材餐桌美观大气，但价格较高；金属餐桌耐用易清洁，但可能给人冷硬感。选择时应根据餐厅的整体风格和预算来决定。

2）餐椅配置

结构要求：餐椅的结构应简单牢固，承重力强。户外餐椅最好使用折叠式，便于收纳和移动。

造型与色彩：餐椅的造型和色彩应与餐桌相协调，并符合餐厅的整体装修风格。例如，现代简约风格的餐厅可以选择线条简洁、色彩明快的餐椅；而中式风格的餐厅则可能更适合选择具有传统元素的餐椅。

舒适度：餐椅的舒适度直接影响用餐体验。椅面应软硬适中，靠背高度和角度应符合人体工学原理，以支持背部并减少长时间用餐的疲劳感。（图 1.1.14）

图 1.1.13　木制餐桌

图 1.1.14　餐椅

3）其他家具

餐边柜：用于存放餐具、酒水等物品，增加餐厅的储物空间。设计时应注意与餐桌和餐椅的协调性，并保持足够的通道空间以便取用物品。

卡座：适用于空间有限或希望增加座位数量的餐厅。卡座的设计应考虑到人体的舒适度和活动的便利性，同时保持与整体装修风格的统一。

2. 餐具配置

1）餐具种类与数量

基本餐具：包括碗、盘、筷子（或刀叉勺）、杯子等。根据餐厅的定位和菜品种类选择合适的餐具种类和数量。一般来说，中餐摆台餐具的数量为双数，以体现吉祥、圆满的氛围。（图 1.1.15）

特色餐具：如骨雕餐具、银质餐具等，可根据餐厅的特色和档次进行配置，以提升用餐的品质感和尊贵感。

2）餐具材质与颜色

材质：餐具的材质应耐用、环保且安全。常见的材质有陶瓷、不锈钢、玻璃等。陶瓷餐具美观大方，但需注意易碎性；不锈钢餐具耐用易清洁，但可能给人冷硬感；玻璃餐具透明度高，能增添用餐的精致感。

颜色：餐具的颜色应与餐厅的整体色调相协调，形成统一的视觉效果。一般来说，颜色鲜艳、明快的餐具能提升餐厅的活跃度和吸引力；而淡雅、柔和的餐具则更适合营造温馨舒适的用餐氛围。

3）餐具摆放与搭配

摆放顺序：餐具的摆放应遵循一定的顺序和规律，如筷子放在碗的右侧、勺子放在碗的底部正中、盘子放在碗的左侧等。这有助于提升用餐的礼仪感和整洁度。

搭配原则：餐具的搭配应遵循色彩、形状和材质的协调原则。例如，同一套餐具的颜色应保持一致或相互呼应；形状和材质则应与餐厅的整体风格和菜品类型相匹配。（图 1.1.15）

图 1.1.15 中式餐具

（五）通风与空气质量

在餐饮行业中，通风与空气质量是保障顾客健康、提升用餐体验的重要环节。一个良好的通风系统不仅能有效排除油烟、异味等污染物，还能保持室内空气新鲜，创造舒适宜人的就餐环境。在餐饮空间设计中，需要从通风系统设计、空气质量标准、排油烟与补风、设备选择与安装、定期清洁与维护、污染物控制、环境舒适性以及培训与意识提升等方面，深入探讨餐饮空间的通风与空气质量管理。

1. 通风系统设计

1）设计原则

通风系统设计应遵循“合理布局、高效排风、有效补风”的原则，确保室内空气流通顺畅，污染物及时排出。设计时需考虑餐厅的布局、大小、人员密度及烹饪方式等因素，制定合理的通风方案。

2）系统类型

常见的通风系统类型包括自然通风、机械通风及混合通风。自然通风利用室内外温差和气压差产生空气流动，实现通风。自然通风适用于环境适宜、通风条件良好的餐厅。机械通风则通过风机等设备强制排风，适用于油烟大、异味重的厨房区域。混合通风则是自然通风与机械通风的结合，根据具体情况灵活选择。

2. 空气质量标准

1）标准概述

餐饮空间应达到国家和地方规定的空气质量标准，包括但不限于$PM_{2.5}$、CO_2、甲醛、挥发性有机物等有害物质的浓度限值。这些标准旨在保护顾客和员工的健康，减少空气污染对人体的危害。

2）监测与评估

定期进行空气质量监测和评估是确保标准达成的关键。餐厅应配备必要的监测设备，如空气质量检测仪，对室内空气进行实时监测，并根据监测结果及时调整通风和空气净化措施。

3. 排油烟与补风

1）排油烟系统

厨房是油烟产生的主要区域，必须安装高效的排油烟系统。该系统应包括集烟罩、油烟管道、风机和净化器等部分，确保油烟被有效收集、输送和净化处理。

2）补风系统

为了保持室内气压平衡，防止油烟倒灌，餐厅应设置补风系统。补风系统应根据排风量的大小合理设计，确保在排风的同时，能够补充足够的新鲜空气。

4. 设备选择与安装

1）设备选型

通风设备的选型应根据餐厅的实际需求进行。风机应选用高效低噪的型号，油烟净化器则需具备较高的净化效率和稳定性。同时，还应考虑设备的能效比和维护成本等因素。

2）安装要求

设备的安装应严格按照规范进行，确保连接紧密、密封良好。油烟管道的设计布局应合理，避免急弯和管道过长，以减少通风阻力和设备积油。同时，还应设置检查口和清理口，方便日常维护和清理。

5. 定期清洁与维护

1）清洁周期

通风系统和油烟净化器等设备应定期进行清洁和维护。清洁周期应根据餐厅的运营情况和设备的使用状况来确定，一般建议每月至少清洁一次。

2）维护内容

维护内容包括但不限于设备的清洗、更换滤网、检查电机和轴承的运行状况等。同时，还需对通风管道进行清理，防止油垢积累导致火灾等安全隐患。

6. 污染物控制

1）源头控制

减少油烟、异味等污染物的产生是控制污染的关键。餐厅应选用低油烟、环保的烹饪设备和食材，避免使用高污染的烹饪方式。

2）末端治理

对于已经产生的污染物，应采取有效的末端治理措施，如使用高效的油烟净化器对油烟进行净化处理，使用活性炭等吸附材料去除异味等。

7. 环境舒适性

1）温度与湿度

餐厅应保持适宜的温度和湿度，以提高顾客的舒适度。通风系统在设计时应考虑到温湿度调节的需求，如设置温度感应器和湿度调节器等。

2）噪声控制

通风设备在运行过程中可能会产生噪声，影响顾客的用餐体验。因此，在设备选型时应考虑其噪声水平，并采取相应的隔音措施，如安装消声器等。

8. 培训与意识提升

1）员工培训

餐厅应对员工进行通风与空气质量相关知识的培训，提高他们的环保意识和操作技能。培训内容可包括通风设备的操作方法、清洁与维护流程、污染物控制措施等。

2）顾客宣传

餐厅还可以通过宣传册、海报等方式向顾客普及通风与空气质量的重要性，增强他们的环保意识和自我保护能力。同时，也可通过公开透明的管理方式，如设置空气质量监测显示屏等，提升顾客的信任度和满意度。

（六）标志与门面设计

餐饮空间的标志与门面设计是一个综合性的工程，需要从多个方面进行细致考虑和精心规划。通过合理的设计和布局，可以打造出独特而吸引人的餐厅形象，为餐厅的成功经营奠定坚实的基础。在竞争激烈的餐饮市场中，一个独特而吸引人的标志与门面设计是吸引顾客、传达品牌理念的关键，能够使顾客形成良好的第一印象。它不仅代表了餐厅的形象和风格，还直接影响到顾客的进店意愿和用餐体验。（图 1.1.16）

图 1.1.16　中式面馆

1. 名称与标志设计

1）名称设计

餐厅的名称是品牌识别的起点，应简洁易记，富有特色，并能体现餐厅的主题或特色。名称可以是直接描述性的，如“老北京炸酱面馆”，也可以是富有创意和象征意义的，如“味蕾之旅”。在设计过程中，需考虑文化敏感性、易于发音和记忆以及避免与已有品牌重名。

2）标志设计

标志是餐厅的视觉象征，应与名称相辅相成，共同传达品牌形象。标志设计应简洁明了，具有辨识度，同时融入餐厅的特色元素。例如，使用特定的色彩、图案或字体来代表餐厅的风格或菜品类型。

2. 色彩与字体选择

1）色彩选择

色彩在标志设计中起着至关重要的作用。它不仅能吸引顾客的注意力，还能传递餐厅的情感氛围。选择合适的色彩需考虑餐厅的定位、菜品风格以及目标顾客群体的喜好。例如，温馨舒适的餐厅可能倾向于使用暖色调，而现代时尚的餐厅则可能选择更加鲜明或冷色调的色彩搭配。（图 1.1.17）

2）字体选择

字体是标志设计中另一个重要的视觉元素。不同的字体风格能传达出不同的情感和信息。在选择字体时，需考虑其与餐厅品牌形象的一致性，以及在不同媒介上的可读性和识别度。字体的大小、粗细和间距也应与整体设计相协调。

3. 图案与装饰元素设计

1）图案设计

图案是丰富标志设计的重要手段之一。它可以是抽象的图形、具象的图案或是文字的艺术变形。图案设计应与餐厅的主题或特色紧密相关，以增强品牌的辨识度和吸引力。（图 1.1.18）

图 1.1.17 具有现代时尚感的餐厅

图 1.1.18 图案丰富的儿童餐厅

2）装饰元素设计

装饰元素如绿植、雕塑、艺术品等，不仅能使门面更加美观，还能营造出独特的氛围。在选择装饰元素时，需考虑其与餐厅整体风格的协调性，避免过于烦琐或突兀的设计。（图 1.1.19）

图 1.1.19 餐厅与绿植

4. 照明与灯光设计

照明与灯光设计在门面设计中起着至关重要的作用。适当的照明能突出标志和装饰元素，营造出温馨、舒适或现代时尚的用餐氛围。设计时需考虑灯光的色温、亮度以及光源的布置方式，以达到最佳的视觉效果。

5. 特别提示与优惠信息

在门面上展示特别提示和优惠信息是一种常见的营销策略。这些信息可以是新品推荐、限时折扣、会员优惠等，旨在吸引顾客的注意并促进消费。在展示这些信息时，需确保内容简洁明了，易于被顾客捕捉和理解。

6. 材质与工艺选择

1）材质选择

材质的选择对门面的整体质感和耐用性有着直接影响。常见的材质包括木材、金属、玻璃、石材等。每种材质都有其独特的质感和视觉效果，需要根据餐厅的定位和风格进行选择。

2）工艺选择

工艺的选择则关系到门面的精细度和制作成本。常见的工艺包括喷绘、雕刻、烤漆、镀金等。在选择工艺时，需考虑其与材质的匹配度以及制作周期和成本等因素。

7. 整体风格统一

整体风格统一是标志与门面设计的核心原则。无论是名称、标志、色彩、字体、图案、照明还是材质与工艺的选择，都应围绕餐厅的品牌形象和风格进行统一设计。这样不仅能增强品牌的辨识度和记忆度，还能为顾客提供一致而舒适的用餐体验。

（七）文化与氛围营造

在餐饮行业中，文化与氛围的营造是提升顾客体验、塑造品牌形象的关键因素。一个具有独特文化氛围的餐饮空间，能够吸引并留住顾客，使其感受到的不仅仅是食物的美味，更是一种文化、情感和氛围的享受。

1. 文化主题定位

文化主题定位是餐饮空间氛围营造的基石。餐厅应根据其目标客户群体、地域特色、菜品风味等因素，明确自身的文化主题。这个主题可以是传统民俗文化、地方特色文化、国际融合文化等，旨在为顾客创造一个独特的、有识别度的就餐环境。文化主题的确定将为后续的环境设计、氛围营造等工作提供明确的方向。（图 1.1.20）

2. 环境设计装饰

环境设计装饰是营造文化氛围的重要手段。餐厅应根据既定的文化主题，设计具有特色的装修风格和装饰元素。墙面、地面、天花板、家具、餐具等每一个细节都应与主题相呼应，形成统一和谐的整体氛围。同时，可以运用色彩、材质、图案等视觉元素，营造出或温馨、或时尚、或典雅……的就餐氛围。（图 1.1.21）

图 1.1.20　融合风格餐厅

图 1.1.21　特有装饰风格餐厅

3. 氛围灯光照明

氛围灯光照明在餐饮空间中扮演着至关重要的角色。适当的灯光照明不仅能够提升空间的美感，还能营造出特定的氛围和情感。例如，柔和的灯光可以营造出温馨浪漫的氛围，适合情侣用餐；而明亮的灯光则适合家庭聚会或商务宴请等场合。在选择灯具和照明方式时，应充分考虑文化主题和装修风格，使灯光与整体氛围相协调（图 1.1.22）。

4. 音乐氛围营造

音乐是营造氛围不可或缺的元素之一。在餐饮空间中播放适当的音乐，能够增强顾客的就餐体验，使其更加沉浸于文化氛围之中。音乐的选择应根据文化主题和顾客群体进行调整，如古典音乐适合高端典雅的餐厅，而流行音乐则更适合年轻时尚的餐饮场所。同时，音乐的音量和播放时间也应合理安排，避免对顾客造成干扰。（图 1.1.23）

图 1.1.22　氛围灯光照明效果

图 1.1.23　古典音乐餐厅

5. 服务文化传递

服务文化是餐饮企业核心竞争力的重要组成部分。优质的服务不仅能够提升顾客满意度，还能传递企业的品牌理念和文化内涵。在餐饮空间中，服务员应具备良好的职业素养和服务意识，通过亲切的语言、得体的举止和专业的技能，将服务文化传递给每一位顾客。同时，餐厅还可以通过定期培训、文化活动等方式，提升员工的服务意识和文化素养。

6. 活动氛围营造

举办各种活动是营造餐饮空间氛围的有效方式之一。餐厅可以根据季节、节日或文化主题，定期举办各类主题活动，如美食节、文化节、音乐晚会等。这些活动不仅能够吸引顾客的注意力和兴趣，还能通过活动的形式和内容，进一步传递和强化餐厅的文化氛围。在活动策划和组织过程中，应注重与顾客的互动和沟通，使顾客能够真正参与并融入其中。

7. 细节氛围营造

细节决定成败。在餐饮空间氛围营造中，细节处理同样至关重要。餐厅应注重每一个细节的设计和安排，如桌布的颜色和材质、餐具的款式和摆放、桌花的选择和搭配等。这些看似微不足道的细节，往往能够给顾客留下深刻的印象和感受。同时，餐厅还应关注顾客的用餐体验和需求，通过细致入微的服务和关怀，提升顾客的满意度和忠诚度。

8. 口碑文化传播

口碑文化是餐饮企业发展的重要支撑。优秀的餐饮空间和文化氛围往往能够赢得顾客的赞誉和推荐，从而形成良好的口碑效应。餐厅应积极关注和引导顾客的口碑传播，通过提供优质的产品和服务、建立良好的客户关系管理机制等方式，促使顾客自愿为餐厅进行口碑宣传。同时，餐厅还可以利用社交媒体等渠道，扩大口碑文化的传播范围和影响力。

三、智能设计与餐饮品牌标志

在餐饮行业日新月异的今天，智能设计与餐饮品牌标志的融合正成为提升顾客体验、塑造品牌形象的重要手段。

（一）智能设计概览

智能设计，作为现代设计领域的一个重要分支，旨在通过科技手段与设计理念的结合，创造出更加高效、便捷、人性化的空间与产品。在餐饮空间中，智能设计不仅体现在自助点餐、智能推荐等功能上，还贯穿于餐厅的环境营造、氛围调节、服务优化等多个方面。通过智能设计，餐饮企业能够提升运营效率，增强顾客体验，进而提升品牌形象和市场竞争力。

（二）品牌标志设计

品牌标志是餐饮品牌的核心视觉元素，是品牌识别与传播的关键。在品牌标志设计中，应注重简洁性、识别性和文化内涵的传达，通过巧妙的图形设计、色彩搭配和字体选择，形成独特的品牌形象和风格。同时，品牌标志还应与餐饮品牌的定位、文化、产品等紧密相关，以确保其在不同场景下的应用都能准确传达品牌信息。

（三）色彩与字体

色彩与字体是品牌标志设计中不可或缺的要素。色彩能够直接影响人的情绪和心理感受，因此在选择色彩时应充分考虑餐饮品牌的定位和顾客群体的喜好。例如，温馨舒适的餐厅可以选择暖色调的色彩搭配；而时尚前卫的餐厅则可以采用对比鲜明、活力四射的色彩方案。字体方面，应注重可读性与品牌形象的契合度。选择具有独特风格且易于识别的字体，有助于提升品牌标志的识别度和记忆度。

（四）整体风格统一

在餐饮空间中，智能设计与品牌标志的融合需要保持整体风格的统一。从餐厅的装修风格、家具布局、灯光照明到餐具选择、服务员着装等各个方面，都应与品牌标志的设计理念和风格保持一致。通过整体风格的统一，能够营造出独特的品牌氛围和视觉冲击力，使顾客在就餐过程中能够深刻感受到品牌的独特魅力和文化底蕴。

（五）科技融合

智能设计在餐饮空间中的应用离不开科技的支撑。通过引入智能点餐系统、自助结算设备、大数据分析等科技手段，餐饮企业能够实现运营流程的自动化和智能化，提升服务效率和顾客体验。同时，科技融合还能够为餐饮品牌带来更多的创新可能，如通过虚拟现实技术打造沉浸式就餐体验、利用人工智能技术进行个性化菜品推荐等。这些科技应用不仅能够增强餐饮品牌的科技感和现代感，还能够提升品牌的竞争力和吸引力。

（六）顾客体验

顾客体验是餐饮品牌成功的关键所在。在智能设计与品牌标志的融合过程中，应始终将顾客体验放在首位。通过优化餐厅环境、提升服务质量、创新菜品等，为顾客提供愉悦、舒适、便捷的就餐体验。同时，还可以通过收集顾客反馈意见和数据分析等手段，不断调整和优化智能设计的应用策略，以更好地满足顾客需求和期望。

（七）市场反馈与调整

市场反馈是检验餐饮品牌智能设计与品牌标志融合效果的重要依据。在智能设计与品牌标志融合的过程中，餐饮企业应密切关注市场动态和顾客反馈意见，及时了解市场变化和顾客需求的变化趋势。根据市场反馈意见和数据分析结果，不断调整和优化智能设计的应用策略和品牌标志的设计方案，以确保餐饮品牌能够持续保持竞争力和吸引力。同时，还应注重与顾客之间的沟通和互动，建立良好的客户关系管理机制，以不断提升顾客满意度和忠诚度。

任务二　餐饮空间设计原则和方法探究

一、餐饮空间设计原则

教学视频

餐饮空间的设计定位

（一）顾客导向性原则

顾客导向性原则是餐饮空间设计的首要原则。设计应以顾客需求为中心，充分考虑顾客的就餐习惯、喜好以及心理感受。通过市场调研和顾客分析，了解目标顾客群体的特点和需求，进而在设计中融入这些因素，确保空间布局、氛围营造、服务流程等各个方面都能满足顾客的期望和偏好。

（二）功能性与适应性

功能性与适应性是餐饮空间设计的基本要求。功能性指的是空间应具备满足餐饮活动所需的基本功能，如就餐区、厨房区、服务区等。在设计时应合理规划各功能区域，确保它们既能独立运作又能相互协调。适应性则是指空间应能够适应不同规模的餐饮活动以及未来可能的变化。例如，设计灵活可变的家具布局，以便在高峰期或特殊活动时能够调整空间容量。

（三）空间布局与分区

空间布局与分区是餐饮空间设计的核心内容。合理的空间布局能够提升空间利用率和顾客流动效率。在设计时，应根据餐厅的规模、形状以及菜品类型等因素，科学划分就餐区、厨房区、吧台区、收银区等区域。同时，还需考虑顾客流线、服务员工作流线以及物品供应流线等，确保它们互不干扰且高效顺畅。分区设计则有助于创造不同的就餐氛围和体验，满足不同顾客群体的需求。

（四）照明与色彩搭配

照明与色彩搭配是营造餐饮空间氛围的重要手段。照明设计应根据不同区域和功能需求选择合适的灯具和光源，营造出温馨、明亮或高雅的就餐环境。色彩搭配则应考虑餐厅的整体风格和顾客心理感受，通过色彩的运用来增强空间的层次感和美感（图 1.2.1）。同时，还需注意照明与色彩的协调性，避免产生刺眼或压抑的感觉。

（五）材料选择与耐用性

材料选择是餐饮空间设计的重要环节。在选择材料时，应综合考虑其美观性、耐用性、易清洁性以及环保性等因素。美观性能够提升空间的视觉效果和档次感；耐用性则能确保空间长期保持良好的使用状态；易清洁性则能降低维护成本和提高卫生标准；环保性则符合现代社会对可持续发展的要求。因此，在选择材料时应注重品质与实用性的平衡。

（六）装饰与细节处理

装饰与细节处理是提升餐饮空间品质的关键。通过巧妙的装饰和细致的处理，能够营造出独特的文化氛围和艺术效果。在装饰方面，可以运用壁画、雕塑、绿植等元素来丰富空间层次和增加趣味性；在细节处理方面，则应注意家具的选择与搭配、餐具的摆放与展示以及墙面地面的处理等方面，力求做到精致入微、和谐统一。（图 1.2.2）

图 1.2.1　突出空间的层次感和美感

图 1.2.2　具有中国风文化氛围的餐厅

（七）便利性与舒适性

便利性与舒适性是餐饮空间设计的重要目标。便利性指的是空间布局和设施设置应便于顾客就餐和服务员工作；舒适性则是指空间环境应舒适宜人，能够满足顾客的身心需求。在设计时，应注重空间的通透性和开放性，确保空气流通和光线充足；同时，还需考虑座位的舒适度、餐具的摆放位置以及噪声控制等方面的问题，以提升顾客的就餐体验。

（八）安全合规性

安全合规性是餐饮空间设计的基本保障。在设计过程中，必须严格遵守国家相关的法律法规和安全标准，确保空间的安全性和合规性。例如，在厨房区域应设置合理的防火设施和排烟系统；在就餐区域应确保逃生通道的畅通无阻；在材料选择上应避免使用易燃易爆等危险物品。此外，还需定期进行安全检查和维护保养工作，确保空间始终处于安全状态。

二、餐饮空间设计定位

餐饮空间设计定位是餐厅成功经营的基础，它决定了餐厅的整体形象、顾客体验及市场竞争力。一个精准而富有创意的设计定位，能够为餐厅带来独特的品牌形象和持续的客源。

（一）风格定位

风格定位是餐饮空间设计的第一步，它决定了餐厅的整体视觉形象。在选择风格时，应考虑餐厅的目标顾客群体、品牌文化及所在区域的特色。常见的风格包括现代简约、中式古典、欧式奢华、日式和风等。风格定位不仅体现在装饰材料和色彩搭配上，还贯穿于家具选择、灯光布置等细节之中，力求营造出与餐厅定位和品牌形象相契合的独特氛围。（图 1.2.3）

（二）功能布局

功能布局是餐饮空间设计的核心。它需要根据餐厅的实际需求和经营模式，合理规划各功能区域的位置和大小，一般包括就餐区、厨房区、服务区、储物区、休息区等。在布局时，应确保顾客流线顺畅、服务员工作高效，并充分考虑到消防安全、通风采光等基本要求。合理的功能布局不仅能够提高空间利用率，还能为顾客提供更加舒适便捷的就餐体验。（图 1.2.4）

图 1.2.3　中式古典风格餐厅

图 1.2.4　通风采光好的餐厅

（三）主题营造

主题营造是餐饮空间设计的重要手法之一。通过特定的主题设计，能够赋予餐厅独特的文化内涵和情感色彩，吸引目标顾客群体的关注。主题可以源于地方特色、历史故事、文化传统等多个方面。在营造主题时，应注重细节的处理和氛围的营造，使顾客在就餐过程中能够深刻感受到主题所传达的文化氛围和情感共鸣。（图 1.2.5）

（四）文化融合

文化融合是餐饮空间设计的一大趋势。随着全球化的推进和多元文化的交流，越来越多的餐厅开始将不同文化元素融入设计中，以创造出独特的品牌形象和市场竞争力。在融合文化时，应注重文化的相互尊重和协调，避免生硬的堆砌和肤浅的表现。通过巧妙的融合和创新，能够打造出具有深刻文化内涵和广泛吸引力的餐饮空间。（图 1.2.6）

图 1.2.5　突出主题营造

图 1.2.6　中西融合风格

（五）市场需求

市场需求是餐饮空间设计不可忽视的重要因素。在设计过程中，应充分了解目标顾客群体的需求和偏好，以及市场上同类餐厅的设计趋势和竞争优势。通过市场调研和数据分析，明确餐厅的市场定位和目标消费群体，为设计提供有针对性的建议和参考。同时，还应注重设计的前瞻性和可持续性，以满足未来市场需求的变化和发展。

（六）空间实用性

空间实用性是餐饮空间设计的基本要求。在追求美观和创意的同时，必须确保空间的实用性和功能性。合理的空间规划和设施设置，能够满足餐厅日常经营的需要，并为顾客提供舒适便捷的就餐环境。在空间设计上，应注重空间的高效利用和灵活可变性，以便根据实际需要调整空间布局和功能设置。

（七）创新设计

创新设计是餐饮空间设计的灵魂。通过不断的创新和尝试，能够打破传统设计的束缚和限制，为餐厅带来新的生机和活力。在创新设计时，应注重设计的独特性和原创性，避免盲目跟风和模仿。同时，还应关注新材料、新技术和新工艺的应用和发展，将其融入设计中以提升设计品质和市场竞争力。创新设计不仅能够为餐厅带来独特的品牌形象和吸引力，还能促进餐饮行业的健康发展和不断进步。（图 1.2.7）

图 1.2.7 创新风格

三、餐饮空间创意设计方法

（一）主题定位与规划

餐饮空间的主题定位是创意设计的起点。首先，需明确餐厅的目标顾客群体、品牌形象及市场定位，进而确定一个具有吸引力和独特性的主题。主题可以是地域文化、历史背景、艺术风格或现代潮流等。在规划阶段，需围绕主题进行深入研究，包括色彩搭配、图案元素、装饰风格等方面的构想，以确保整个设计方案的统一性和连贯性。

（二）色彩与光影设计

色彩与光影是餐饮空间氛围营造的重要元素。通过巧妙的色彩搭配和光影设计，可以营造出不同的情感氛围和视觉效果。在色彩选择上，应考虑餐厅的整体风格和顾客心理感受，运用对比色或相似色来增强空间的层次感和立体感。同时，光影设计也

是不可忽视的一环，通过灯光的布置和调节，可以创造出温馨、浪漫或神秘的就餐环境。（图 1.2.8）

（三）材质与肌理选择

材质与肌理的选择对餐饮空间的质感和视觉效果有着直接影响。不同的材质和肌理能够传达出不同的情感和信息，如木质材料的温馨自然、石材的坚固稳重、金属的现代冷峻等。在设计中，应根据餐厅的主题和风格，选择合适的材质和肌理进行搭配和组合，以营造出和谐统一的空间氛围。（图 1.2.9）

图 1.2.8　与众不同的光影效果

图 1.2.9　突显质感的餐厅

（四）空间布局与分割

空间布局与分割是餐饮空间设计的核心内容。合理的空间布局能够提高空间利用率和顾客流动效率，而巧妙的空间分割则能创造出多样化的就餐区域和私密空间。在布局时，需充分考虑顾客流线、服务员工作流线以及物品供应流线等因素，确保它们互不干扰且高效顺畅。同时，还需根据餐厅的规模和形状，灵活运用屏风、隔断等手法进行空间分割，以满足不同顾客群体的需求。

（五）互动与科技融入

互动与科技融入为餐饮空间设计带来了新的活力和可能性。通过设置互动装置、数字艺术墙或智能点餐系统等科技元素，可以增加顾客与空间的互动性。同时，这些科技元素还能够提升餐厅的服务效率和顾客体验，使顾客在享受美食的同时感受到科技带来的便利和惊喜。

（六）细节与装饰布置

细节与装饰布置是餐饮空间创意设计的点睛之笔。通过精致的细节处理和巧妙的装饰布置，能够提升空间的品质感和艺术感。在细节处理上，应注重家具的选择与搭配、餐具的摆放与展示以及墙面、地面的处理等，力求做到精致入微、和谐统一。在装饰布置上，则可根据餐厅的主题和风格，选择适合的艺术品、绿植或摆件等进行点缀和装饰，以营造出独特的文化氛围和艺术效果。（图 1.2.10）

图 1.2.10 装饰灯具

（七）环保与可持续性

环保与可持续性是当今社会发展的重要趋势，也是餐饮空间设计不可忽视的重要方面。在设计中，应注重选用环保材料和节能设备，减少对环境的影响和资源的浪费。同时，还需关注空间的通风采光和垃圾分类等问题，以提高空间的舒适性和环保性。通过环保与可持续性的设计实践，可以为餐厅赢得更多的社会认可和顾客支持。

（八）服务与体验优化

服务与体验优化是餐饮空间创意设计的最终目标。无论设计多么精美和独特，如果无法为顾客提供优质的服务和体验，那么这些设计都将失去意义。因此，在设计中需充分考虑顾客的需求和期望，通过优化服务流程和提升服务质量来增强顾客的满意度和忠诚度。同时，还需注重顾客的情感体验和社交需求，通过打造舒适的就餐环境和提供个性化的服务来满足顾客的多元化需求。

任务三　餐饮空间功能分区解析

一、基础功能区

教学视频

餐饮空间设计

餐饮空间中的基础功能区是构成整个餐饮空间不可或缺的组成部分，它们为餐厅的正常运营和顾客的用餐体验提供了必要的基础设施和服务。

（一）门面和出入口功能区

门面是餐厅的第一印象，包括餐厅的招牌、标志、外立面设计等。门面设计应具有吸引力，能够立即传达餐厅的品牌形象、风格和氛围。

出入口包括顾客进出餐厅的通道、大门等。出入口的设计应方便顾客进出，确保人流畅通无阻，同时还应考虑安全性和无障碍设计。

（二）接待区

接待区是顾客进入餐厅后的首个接触点，通常由前台或接待台组成。接待区负责接待顾客、提供咨询、引导就座、接受预订等服务。设计时应注重与餐厅整体风格的协调，并保持整洁、舒适的环境。（图 1.3.1）

图 1.3.1　舒适整洁的餐厅接待区

（三）候餐区

候餐区是顾客等待就餐的区域。在高峰期或顾客较多时，候餐区能够缓解餐厅的座位压力，并为顾客提供一个舒适的等待环境。设计时应考虑座椅的舒适度、照明和通风条件，以及可能的娱乐设施，如电视、杂志架等以减轻顾客的等待焦虑。

（四）洗手间

洗手间虽然不直接参与餐饮服务，却是顾客体验中不可或缺的一部分。洗手间应保持清洁、无异味，并配备必要的用具、设备，如洗手液、烘干机、纸巾等。同时，其位置应便于顾客找到，并考虑隐私和安全问题。

（五）储物区、员工区

储物区用于存放餐厅的库存、餐具、设备等。设计时应考虑物品的分类、储存和取用方便性，并需要保持储物区的整洁和有序。

员工区是为员工提供休息、更衣、储物等功能的区域。设计时应注重员工的隐私和舒适度，并考虑与工作区域的便捷联系。

这些基础功能区共同构成了餐饮空间的基本框架，为餐厅的正常运营和顾客的用餐体验提供了必要的支持和保障。在设计和规划时，应根据餐厅的实际情况和顾客需求进行合理布局和配置。

二、接待区和候餐区

（一）接待区

1. 功能定位

接待区是顾客进入餐厅后首先接触到的区域，它承担着迎接顾客、提供咨询、引导就座、接受预订等重要职责。接待区的设置直接影响到顾客对餐厅的第一印象和后续的就餐体验。

2. 设计要点

位置选择：接待区应设置在餐厅入口附近，便于顾客一进入就能立即找到。同时，要确保接待区与就餐区之间有顺畅的流线，方便顾客被引导至合适的座位。

布局与设施：接待区应布局合理，留有足够的空间供顾客站立等待和咨询。应设置前台或接待台，并配备必要的设备和物品，如电话、电脑、打印机、笔和纸等。

人员配置：接待区应安排热情有礼、专业的接待人员，他们应具备良好的沟通能力和服务意识，能够迅速准确地解答顾客的问题，并为顾客提供周到的服务。

装饰与氛围：接待区的装饰应与餐厅的整体风格相协调，营造出温馨、舒适、雅致的氛围，可以通过艺术品、绿植、灯光等元素来提升空间的美感和品质感。

（二）候餐区

1. 功能定位

候餐区是顾客在等待就餐时暂时休息和等待的区域。它旨在为顾客提供一个舒适、宁静的等待环境，以缓解顾客的等待焦虑和提升顾客的整体满意度。

2. 设计要点

空间规划：候餐区应根据餐厅的规模和客流量进行合理规划。空间应宽敞明亮，避免拥挤和压抑感。同时，要确保候餐区与就餐区之间有明确的界限，以避免相互干扰。

座椅布置：候餐区的座椅布置应考虑到顾客的舒适度和隐私性。可以选择舒适的沙发或椅子，并配备适当的茶几或桌子供顾客放置物品。座椅之间应保持适当的间距，以确保顾客的私密性和舒适度。

娱乐设备：为了缓解顾客的等待焦虑，可以在候餐区设置一些娱乐设备，如电视、杂志架、音乐播放设备等。这些设备可以为顾客提供多样化的消遣方式，使他们在等待过程中感到愉悦和放松。

氛围营造：候餐区的氛围营造同样重要，可以通过灯光、装饰、绿植等元素来提升空间的美感和品质感。同时，要确保候餐区的环境整洁、安静，以营造出一个温馨、舒适、宁静的等待环境。

三、用餐功能区

（一）功能定位

用餐功能区是顾客享用美食、进行社交活动的场所，其设计应围绕提升顾客满意度和舒适度展开，同时考虑餐厅的运营效率和品牌形象。

功能定位核心维度包括以下方面。

（1）基础需求层，效率化设计：快餐场景——15 分钟快速用餐动线规划（如“回字形”取餐台+智能叫号屏）；共享厨房——社区型中央厨房+无人配送柜，降低商户入驻成本。

（2）体验增值层，情绪价值设计：单人用餐区——隔音舱+手机无线充电，缓解“孤独就餐”焦虑。

（3）社交实验空间：可变形餐桌（如拼合式桌面）适应聚会、办公场景切换。

（4）品牌价值层，文化符号植入：地域餐饮——用本土材料（如徽派青砖、岭南蚝壳墙）构建空间叙事。

（5）IP 化空间：与热门动漫、游戏联名，打造主题打卡场景。

（二）设计要点

1. 基础功能

高效满足动线需求，动线规划“黄金三角区”原则，厨房出餐口、备餐台、收残台的距离不大于 5 米，减少服务员行动距离。

2. 分流设计

设置独立外带窗口与堂食入口，避免高峰期拥堵（参考麦当劳“双通道”模式）。

3. 座位布局

根据目标受众和餐厅风格设计合适的座位布局，如单人、双人、四人及团体座位，以满足不同顾客群体的需求。

空间利用率：确保座位布局紧凑但不拥挤，便于顾客移动和服务员提供服务。

私密性：对于私密性要求较高的顾客，可以设置包间或利用屏风、绿植等隔断进行空间划分。

4. 餐桌与椅子

舒适度：选择符合人体工程学的餐桌和椅子，确保顾客在用餐过程中感到舒适。

风格统一：餐桌椅的款式、材质和颜色应与餐厅整体风格相协调。

5. 照明设计

光线柔和：避免过强或过弱的光线，以柔和的灯光为主，营造温馨、舒适的用餐氛围。

重点照明：对菜品展示区或特色装饰进行重点照明，提升顾客的食欲和兴趣。

6. 色彩搭配

主题色：根据餐厅的主题和风格选择合适的色彩搭配，营造独特的氛围。

色彩心理学：运用色彩心理学原理，通过色彩搭配激发顾客的食欲和愉悦感。

7. 通风与温控

保持空气清新：设置良好的通风系统，确保餐厅内空气流通，减少异味和烟雾。

适宜的温度：根据季节和天气变化调节室内温度，为顾客提供舒适的用餐环境。

8. 音响系统

背景音乐：选择适合餐厅氛围的背景音乐，如轻柔的爵士乐、古典音乐等，营造轻松愉悦的用餐氛围。

音量控制：确保音乐音量适中，不会干扰顾客的交谈和用餐。

9. 细节装饰

艺术品与绿植：在用餐功能区适当摆放艺术品和绿植，提升空间的美感和品质感。

特色装饰：根据餐厅的特色和主题进行装饰设计，如海洋主题的餐厅可以摆放贝壳、鱼网等装饰物。

（三）设计建议

考虑顾客流线：确保顾客从入口到用餐区的流线顺畅无阻，避免拥堵和混乱。

与厨房紧密配合：用餐功能区的设计应与厨房紧密配合，确保菜品能够迅速、准确地送达顾客手中。

关注顾客需求：定期收集顾客反馈意见，根据顾客需求调整用餐功能区的布局和设施配置。

四、配套功能区

（一）服务配套设施

1. 卫生间

顾客卫生间：位置应隐蔽，前室入口不应靠近餐厅或与餐厅相对，以维护餐厅的整体氛围，内部可点缀少量艺术品或古玩，提升环境质量。

工作人员卫生间：设置应考虑到工作人员的实际需求，前室不应朝向各加工间，以避免交叉污染。

2. 衣帽间

衣帽间是为顾客提供存放衣物和随身物品的空间，尤其是在冬季或顾客携带大件物品时，这一设施显得尤为重要。

3. 休憩空间

视听室、影视厅、书房、娱乐室等空间主要根据餐厅的规模和定位来配置，旨在为顾客提供多样化的休闲和娱乐体验。例如，高端餐厅可能会设置私人包厢，包厢内配备视听设备，以满足商务洽谈或家庭聚会的需要。

（二）辅助服务设施

1. 服务台

服务台（收银台）是餐厅与顾客交流的重要窗口，负责点餐、结账、提供咨询等服务。其位置应根据餐厅布局和顾客流线来确定，以确保服务效率。

2. 备餐间

备餐间位于厨房与餐厅之间，是菜品从厨房到餐厅的过渡区域。备餐间内应设有工作台、餐具柜等设施，方便服务员进行菜品的整理和摆放。

3. 储藏室

储藏室用于存放餐厅的库存物品，如食材、调料、餐具等。储藏室应具备良好的通风、防潮、防虫等条件，以确保物品的质量和安全。

（三）技术支持设施

空调系统：为餐厅提供舒适的室内温度和湿度环境，确保顾客在用餐过程中感到舒适。

消防系统：包括消防栓、灭火器、烟雾报警器等设备，用于预防和处理火灾等紧急情况，确保餐厅的安全。

环保系统：如油烟排放系统、污水处理系统等，用于减少餐厅对环境的影响，符合环保要求。

电脑网络系统、音响系统、监控系统：这些现代技术设施为餐厅的运营提供了便利和支持。例如，电脑网络系统可以用于点餐、结账等业务流程的自动化处理；音响系统可以播放背景音乐或进行活动主持；监控系统则用于监控餐厅内部情况，确保安全。

（四）其他特殊设施

表演舞台：在一些主题餐厅或特色餐厅中，可能会设置表演舞台，用于举办音乐会、舞蹈表演等活动，为顾客提供独特的用餐体验。

游泳池：在高端度假酒店或度假村的餐厅中，可能会配备游泳池等休闲设施，以满足顾客的多种需求。

五、服务功能区

餐饮空间中的服务功能区是提升顾客满意度和餐厅运营效率的关键环节。通过合理的设计和完善的设施配置，可以确保服务功能区的高效运转和顾客的良好体验。同时，餐厅还应不断关注顾客的需求和反馈，及时调整和优化服务功能区的布局和设施配置，以满足不断变化的市场需求。

（一）主要功能

服务功能区主要为顾客提供用餐服务和经营管理的功能。

备餐间：备餐间是菜品从厨房到餐厅的过渡区域，主要存放备用的酒水、饮料、台布、餐具等，一般设有工作台、餐具柜、冰箱、消毒碗柜、毛巾柜和热水器等。

收银台：收银台是餐厅进行结账、收款的重要区域，通常配备有电脑、账单打印设备、收银机、电话及对讲系统等，以方便为顾客结账和餐厅的财务管理。

服务台：服务台是接待顾客、安排菜式的地方，也是餐厅与顾客沟通的重要窗口，设有电话、电脑和订餐记录簿等，以方便为顾客预订座位和点餐。

酒吧间：酒吧间主要用于为顾客供应饮料、茶水、水果、烟、酒等，一般配备有操作台、冰柜、陈列柜、酒架和杯架等，以满足顾客的需求。

（二）设计要点

1. 位置选择

服务功能区应设置在餐厅的便利位置，以便顾客和服务员能够快速到达和使用。例如，收银台应设置在餐厅的显眼位置，方便顾客结账；备餐间则应靠近厨房和餐厅，以减少菜品传递的时间和距离。

2. 设施完善

服务功能区的设施应完善且符合卫生标准。例如，备餐间应设有冷藏和消毒设备，以确保食品的安全和卫生；收银台则应配备稳定的电脑和网络系统，以确保结账的准确性和高效性。

3. 布局合理

服务功能区的布局应合理且有序，以减少服务员的工作负担和提高工作效率。例如，备餐间内应合理规划物品的摆放位置，以便服务员快速取用；收银台则应设置多个结账窗口，以应对高峰期的顾客流量。

4. 服务便捷

服务功能区的设计应充分考虑顾客的需求和便利性。例如，酒吧间应设置在餐厅的显眼位置或靠近顾客用餐区域，以方便顾客随时点饮品；收银台则应设置清晰的指示牌和操作流程图，以便顾客快速完成结账。

六、公共活动区

公共活动区是顾客在餐厅内除了用餐之外进行休闲、交流、等待等活动的区域，它不仅是餐厅服务功能的延伸，更是提升顾客体验、增强餐厅文化氛围的关键场所。（图1.3.2）

图 1.3.2　餐厅周边的休闲交流等待区

（一）设计要点

1. 空间布局

公共活动区应设置在餐厅的显眼位置，便于顾客到达和使用，布局上应注重开放性和灵活性，以便容纳不同规模的顾客群体，满足不同的活动需求，并可通过设置休息区、吧台、展示区等子区域来丰富公共活动区的功能。

2. 设施配备

应配备舒适的座椅、茶几、书架等休闲设施，以满足顾客休息和交流的需求，设置展示架或电子屏幕来展示餐厅的特色菜品、优惠活动等信息，此外，还可以设置小型舞台或音响设备，以支持现场表演或音乐会等活动。

3. 氛围营造

公共活动区的氛围营造应与餐厅的整体风格相协调，营造出温馨、舒适、雅致的氛围，通过灯光、装饰、绿植等元素来提升空间的美感和品质感，可以根据季节或节日的变化进行装饰调整，以增加节日氛围和顾客的新鲜感。

（二）使用场景

1. 顾客交流

公共活动区是顾客之间交流互动的好场所，无论是朋友聚会还是商务洽谈，都可以在这里找到合适的环境。

2. 等待区域

当餐厅座位紧张时，公共活动区可以作为顾客的等待区域，提供舒适的座椅和茶饮服务，以缓解顾客的等待焦虑。

3. 活动举办

公共活动区还可以用于举办各种主题活动，如美食节、品鉴会、亲子活动，这些活动不仅可以增加餐厅的客流量和收入，还可以提升餐厅的品牌知名度和美誉度。

（三）注意事项

1. 空间利用率

在设计公共活动区时，要充分考虑空间利用率的问题，既要满足顾客的需求，又要避免空间浪费。

2. 噪声控制

公共活动区往往是人流量较大的区域，因此要注意噪声控制问题，避免因噪声过大而影响其他顾客的用餐体验。

3. 安全管理

公共活动区应设有明显的安全出口和消防设施，以应对突发事件的发生，同时，要加强安全管理措施，确保顾客的人身和财产安全。

七、特殊功能区

特殊功能区的设计应根据餐厅的实际情况和顾客需求进行灵活调整和创新，以提供独特而优质的用餐体验。

（一）吧台/休息区

通常位于餐厅入口处或就餐区域附近，提供快速用餐或饮品服务，同时也可作为顾客等候、休息的场所；部分吧台还具备现场调酒或表演功能，以增添餐厅的娱乐氛

围；此外，吧台设置要注重舒适度和氛围营造，配备舒适的座椅和高脚凳，以及专业的吧台设备和装饰品。(图 1.3.3)

（二）私人包间

私人包间为需要更加私密环境的客人提供空间，如商务会议、家庭聚会或庆祝活动等。私人包间注重隔音效果和私密性，并配备高档的餐桌椅、音响设备和独立的卫生间等设施，同时，包间的装修风格和氛围应与餐厅整体风格相协调。(图 1.3.4)

图 1.3.3　吧台

图 1.3.4　私人包间

（三）室外用餐区

如果条件允许，设置室外用餐区可以增加顾客的用餐体验，特别是在气候宜人的季节和地区。设置室外用餐区时需要考虑应对天气因素，如遮阳、挡雨和防风等，并需要选择合适的家具和照明设备，以营造出轻松愉悦的用餐氛围；同时，室外用餐区应与餐厅内部空间相互呼应，形成整体统一的风格。(图 1.3.5)

（四）儿童游乐区

儿童游乐区为携带儿童的家庭顾客提供专属的游乐空间，以便家长在用餐时能够放心地照看孩子。儿童游乐区应注重安全性和趣味性，配备适合儿童年龄的游乐设施和玩具；同时，儿童游乐区应保持干净整洁，并定期进行消毒和维护。(图 1.3.6)

图 1.3.5　室外用餐区

图 1.3.6　儿童游乐区

（五）主题展示区

根据餐厅的主题或特色进行设计和布置，展示相关的艺术品、文物或装饰品等，以增强餐厅的文化氛围和吸引力。展示区的内容和风格应与餐厅整体定位相协调，同时注重观赏性和互动性，让顾客在用餐过程中能够感受到独特的文化氛围和艺术魅力。

（六）多功能厅

多功能厅具有多种用途，如举办宴会、会议、展览或演出等活动，其设置需要考虑空间的可变性和灵活性，以便根据不同的活动需求进行布置和调整；同时，多功能厅应配备专业的音响、灯光和投影等设备，以支持各种形式的演出和活动。

（七）特色厨房展示区

通过开放式厨房或玻璃隔断等方式展示厨师的烹饪过程，让顾客能够亲眼看到菜品的制作过程，增加用餐的趣味性和信任感。特殊厨房展示区应注重卫生和美观，确保厨房区域的整洁和卫生标准符合要求；同时，展示区的位置和布局应便于顾客观看且不影响厨师的正常操作。

任务四　餐饮空间中的布置类型分类

掌握不同布置类型如何影响餐饮空间的功能分区和流线组织，了解不同布置类型的特点和设计要点，如现代简约风格的空间开阔感、田园风格的自然元素运用、工业风格的粗犷质感等，对餐饮空间的设计尤为重要。面对设计过程中出现的问题和挑战，设计者应能够迅速分析原因并提出有效的解决方案。

餐饮空间中的布置类型分类可以根据不同的标准和角度进行。

一、按设计风格分类

教学视频

空间的主题营造

（一）现代简约风格

现代简约风格追求简洁、明快、实用的设计理念，摒弃了烦琐的装饰元素，强调空间的通透性和流畅性，色彩上多以白色、灰色、黑色等中性色为主，搭配少量的鲜艳色彩作为点缀，材质上则偏爱玻璃、金属、混凝土等现代材料，营造出一种清新、高雅的用餐环境。现代简约风格适合快时尚餐厅、咖啡厅、轻食店等追求时尚与效率的场所。（图 1.4.1）

图 1.4.1　现代简约风格

（二）传统古典风格

传统古典风格注重历史文化的传承与表达，常运用古典元素如雕花、屏风、瓷器等装饰空间，色彩上偏向暖色调，如红、黄、金等，营造出一种庄重、典雅的氛围，材质上则多选用木材、石材等自然材料，以及丝绸、锦缎等高档面料，彰显奢华与尊贵。传统古典风格适合高档餐厅、宫廷菜馆、茶艺馆等注重文化底蕴和品位的场所。（图 1.4.2）

（三）工业风格

工业风格强调原始、粗犷的美感，常利用裸露的砖墙、水泥地面、金属管道等元素进行装饰，色彩上多为黑、白、灰等中性色调，搭配木质或皮质家具，营造出一种复古而又不失现代感的氛围。工业风格适合酒吧、创意餐厅、艺术咖啡馆等追求个性与自由的场所。（图 1.4.3）

图 1.4.2　传统古典风格

图 1.4.3　复古而又不失现代感的风格

（四）自然田园风格

自然田园风格追求自然、和谐、宁静的用餐环境，常运用大量的绿色植物、木质家具、棉麻布料等元素进行装饰，色彩上偏向柔和的浅色调，如米白、淡绿、浅蓝等，营造出一种温馨、舒适的氛围。自然田园风格适合农家乐、度假村餐厅、素食餐厅等注重自然生态和健康的场所。（图 1.4.4）

（五）奢华风格

奢华风格强调豪华、气派、高端的设计理念，常运用大理石、水晶、金银饰品等高档材料进行装饰，色彩上多为金色、银色、黑色等亮丽色彩，搭配华丽的吊灯、地毯和艺术品，营造出一种尊贵、典雅的氛围。奢华风格适合高档酒店餐厅、私人会所、商务宴请等场合。（图 1.4.5）

图 1.4.4　自然田园风格

图 1.4.5　奢华风格

（六）特色风格

特色风格是根据餐厅的主题或地域特色进行设计的风格，如地中海风格（图 1.4.6）、日式和风、东南亚风情等，这类风格注重细节和氛围的营造，通过独特的装饰元素和色彩搭配，让顾客仿佛置身于异国他乡。特色风格适合主题餐厅、文化餐厅、旅游景区餐厅等需要突出特色和个性的场所。

图 1.4.6　地中海风格

（七）后现代主义风格

后现代主义风格强调对现代主义的反思与超越，追求形式的多样性和复杂性，在餐饮空间设计中，它常运用夸张、变形、拼接等手法进行装饰，打破传统空间的界限和规则，营造出一种前卫、独特的氛围。后现代主义风格适合艺术展览馆内的餐厅、

创意产业园区内的餐厅等追求创新和个性的场所。(图 1.4.7)

(八)雅致主义风格

雅致主义风格注重空间的品质感和文化内涵，追求精致、细腻的设计效果，在色彩上偏向柔和的淡色调，如米白、淡灰、淡蓝等，搭配精致的家具和装饰品，营造出一种高雅、宁静的氛围。雅致主义风格适合高档商务餐厅、私人会所、茶艺馆等注重品质和品位的场所。(图 1.4.8)

图 1.4.7　后现代主义风格

图 1.4.8　雅致主义风格

二、按功能区域分类

(一)基础功能区

基础功能区包括外立面、招牌广告、出入口大门、通道等，这是顾客进入餐厅的第一印象区域，对于吸引顾客和展示品牌形象至关重要。

(二)接待与候餐功能区

接待与候餐功能区主要是迎接顾客到来，并提供初步的服务和引导，供客人等候、休息和候餐的区域。对于繁忙的餐厅来说，一个舒适的候餐区可以提升顾客满意度。

（三）核心用餐功能区

核心用餐功能区是餐饮空间的重点功能区，为顾客提供用餐服务。设计时需要考虑座位布局、舒适性和流线，以满足不同顾客的用餐需求。

（四）服务与支持功能区

服务与支持功能区主要为顾客提供用餐服务并兼具经营管理的功能，如点餐、送餐等。服务区的设计需要与厨房紧密配合，以确保菜品的质量并保证及时送达。这些区域虽然不直接面向顾客，但对于餐厅的正常运营至关重要。

（五）公共与休闲功能区

公共与休闲功能区是除用餐和休息以外的空间，主要用于提供餐饮相关信息、进行交流活动，一些餐厅会设置酒吧或休息区，供顾客在用餐前后交流或放松。随着人们生活水平的提高，休闲功能区成为一种新的消费形态。

（六）特殊与附加功能区

厨房是餐饮业的心脏，需要合理的布局和设备安排，以确保食材流通顺畅和厨师操作高效；结账区是顾客支付账单的地方，应设计得方便顾客操作，同时需要考虑到隐私和安全；私人包间为需要更加私密环境的客人提供空间，如商务会议、庆祝活动等，设计时需要注重隔音性和舒适性；室外用餐区设计时要考虑天气因素，选择合适的家具和照明。

（七）其他功能区

根据餐厅的具体需求和定位，其他功能区包括仓库、员工休息区、行政办公区等其他功能区。

三、按空间布局分类

（一）集中式空间布局

集中式空间布局，即稳定的向心式组合方式，由一个大的占主导地位的空间，以大厅或主餐厅作为核心，周围布置一定数量的次要空间，如包间、雅座等。这种布局能够营造出一种强烈的中心感和凝聚力，使顾客在用餐过程中感受到统一和谐的氛围。集中式空间布局适用于大型餐厅、宴会厅（图 1.4.9）等需要容纳较多顾客且强调整体统一性的场所。

（二）组团式空间布局

组团式空间布局，即沿着一条穿过组团的通道来组合几个餐饮空间，通道可以是直线型、折线型、环形等，这种布局方式使各个空间相对独立，同时又通过通道相互联系，形成一种既分隔又联系的空间关系。组团式空间布局适用于中型餐厅（图 1.4.10）、咖啡厅等需要灵活布置空间以满足不同顾客需求的场所。

图 1.4.9　宴会厅

图 1.4.10　中型餐厅

（三）线式空间布局

线式空间布局，即将若干个小的餐饮空间，如卡座、吧台等布置在一个大的餐饮空间周围，形成一个连续的线性空间，这种布局方式能够引导顾客的流动路径，同时保持空间的开放性和灵活性。线式空间布局适用于快餐店、自助餐厅（图 1.4.11）等需要快速周转顾客且注重空间通透性的场所。

（四）开放式空间布局

开放式空间布局，即空间开放无遮挡，各个功能区域相互融合，没有明显的界线。这种布局方式能够营造出一种轻松自由的就餐环境，增强顾客之间的互动和交流。开放式空间布局适用于休闲餐厅、开放式酒吧（图 1.4.12）等注重氛围营造和顾客体验的场所。

图 1.4.11　自助餐厅

图 1.4.12　开放式酒吧

（五）封闭式空间布局

封闭式空间布局，即通过隔断、墙体等手段将餐饮空间划分为若干个相对独立的小空间，每个小空间都有明确的界限和私密性，能够满足顾客对私密用餐环境的需求。封闭式空间布局适用于高档餐厅、私人会所等需要为顾客提供私密用餐空间的场所。

（六）灵活多变的空间布局

灵活多变的空间布局，即根据餐厅的实际需求和经营策略，灵活调整空间布局。例如，根据季节变化、节假日活动或顾客流量等因素，临时调整座位布局、增设临时区域或调整功能区域的位置，适用于各类餐厅，特别是那些需要经常变换经营模式和应对不同顾客需求的场所。

任务五　餐饮空间分类中的组合形态设计

一、餐饮空间中基本形态分析

图 1.5.1　江南水乡风格

（一）地域文化的影响

1. 文化元素融入

地域文化中的传统元素、民俗风情、历史遗迹等都可以被巧妙地融入餐饮空间设计中。例如，江南水乡风格（图 1.5.1）可以通过蓝印花布、木质结构、水墨画等元素来体现；而西部少数民族地区的餐厅则可能运用色彩鲜艳的织物、民族图腾、传统手工艺品等来装饰空间。

2. 色彩与材质

不同地域的色彩偏好和材质选择也会对餐饮空间的基本形态产生影响。比如，北方地区可能更倾向于使用暖色调和厚重的材质来营造温馨的氛围，而南方地区则可能更喜欢清新淡雅的色彩和轻盈的材质来体现细腻温婉的风格。

3. 空间布局

图 1.5.2　四合院式餐厅

地域文化还会影响餐饮空间的布局方式。例如，在一些传统的四合院式餐厅（图 1.5.2）中，空间布局会遵循“天人合一”的哲学思想，强调与自然环境的和谐共生；而在一些现代化的餐饮空间中，则可能更加注重空间的开放性和流动性。

（二）品牌风格的影响

1. 品牌定位

品牌定位是餐饮空间设计的重要依据，高端奢华的品牌可能会选择豪华的装修风格和精致的家具陈设来彰显其品质，而亲民实惠的品牌则可能更注重空间的实用性和舒适性。

2. 品牌色彩和标识

品牌色彩和标识是品牌识别的重要组成部分。在餐饮空间设计中，通过巧妙的运用品牌色彩和标识元素，可以营造出独特的品牌氛围和视觉效果，例如麦当劳的黄色和红色、肯德基的蓝色和白色等标志性色彩都被广泛应用于其餐厅设计中。

3. 品牌文化传递

餐饮空间也是品牌文化传播的重要场所。通过空间设计和装饰元素的运用，可以传达品牌的理念、价值观和文化底蕴。例如，一些主题餐厅会根据其主题设计相应的空间形态和装饰风格，以吸引与之相关的消费群体。

（三）市场需求的影响

1. 消费者需求变化

随着消费者需求的变化，餐饮空间的基本形态也在不断发生变化。现代消费者越来越注重用餐体验和环境氛围的营造，因此越来越多的餐饮空间开始注重空间设计的美观性和舒适度；同时，随着社交需求的增加，一些餐饮空间还设置了专门的社交区域来满足消费者的社交需求。

2. 市场需求多样化

市场需求多样化也促进了餐饮空间形态的多样化发展，不同的消费群体、不同的消费场景和不同的消费需求都对餐饮空间的设计提出了更高的要求。因此，设计师需要根据市场需求的变化灵活调整设计方案以满足不同客户的需求。

二、组合形态设计

教学视频

餐饮空间组合与形态设计

教学视频

餐饮空间的基本形态

（一）空间布局规划

空间布局规划是餐饮空间设计的首要任务，设计师需根据餐厅的定位、规模及顾客需求，合理规划各区域间的位置关系与流通路线。常见的布局形式包括开放式、封闭式、半开放式等，每种形式都有其独特的优劣势，需根据实际情况灵活选择。在规划过程中，还需考虑人流动线的顺畅性、空间利用率的最大化以及顾客私密性的保护等因素。

（二）区域功能划分

区域功能划分是餐饮空间设计中至关重要的一环。根据餐厅的实际需求，可将空间划分为接待区、候餐区、用餐区、厨房区、服务区等多个功能区域，每个区域都应具备明确的功能定位，并通过合理的布局设计实现各区域间的无缝衔接与和谐共存；同时，还需注意各区域间的视觉联系与分隔，以营造出既统一又富有层次感的整体空间效果。

（三）设计风格选择

设计风格选择直接关系到餐饮空间的氛围营造与品牌形象传达。设计师应根据餐厅的定位、目标客户群体以及品牌文化等因素，选择适合的设计风格。现代简约、传统古典、工业风、自然田园、奢华风等多种风格各有千秋，可根据实际情况进行混搭与创新。在选择风格时，还需考虑材质的搭配、色彩的运用以及家具的选型等，以确保整体设计风格的协调统一。

（四）灯光与色彩设计

灯光与色彩是餐饮空间设计中不可或缺的元素，合理的灯光设计能够营造出或温馨舒适或时尚动感的用餐氛围，而恰当的色彩搭配则能够提升空间的视觉冲击力与情感表达力。设计师需根据餐厅的整体风格与氛围要求，精心选择灯光类型、色温、照度以及色彩搭配方案，同时，还需注意灯光与色彩之间的相互作用与影响，以实现最佳的空间视觉效果。

（五）声音环境营造

声音环境是餐饮空间中不可忽视的重要方面，舒适宁静的背景音乐能够提升顾客的用餐体验，而嘈杂刺耳的噪声则会严重影响顾客的用餐心情。设计师需根据餐厅的定位与氛围要求，选择合适的背景音乐类型与音量大小；同时，还需考虑隔音措施的实施与音响设备的布局问题，以确保餐厅内部声音环境的舒适性与清晰度。

（六）组合形式应用

组合形式应用是餐饮空间设计中体现创意与个性的重要手段。设计师可通过将不同形状、大小、材质的元素进行巧妙组合与搭配，创造出独具特色的空间形态与视觉效果。例如，可将圆形餐桌与方形餐椅进行组合搭配，或将木质家具与金属装饰元素进行混合搭配使用（图 1.5.3）等。通过这些组合形式的运用，不仅能够丰富空间层次感与视觉变化性，还能够增强顾客对餐厅品牌的记忆与认同感。

图 1.5.3 木质家具与金属装饰元素混合搭配

（七）垂直与水平实体

垂直与水平实体是餐饮空间设计中的基本构成要素，垂直实体如墙面、隔断、柱子等，水平实体如地面、天花板等，设计师需充分利用这些实体元素进行空间划分与形态塑造。例如，通过墙面的色彩变化与材质搭配来强调空间的主次关系，或通过隔断的设置来划分出不同的功能区域等；同时，还需注意实体元素与空间整体风格的协调统一以及细节处理的精致程度。

（八）空间层次与轴线

空间层次与轴线的构建是餐饮空间设计中提升空间品质与视觉效果的关键所在。设计师需通过合理的空间布局与形态设计来营造出丰富的空间层次与清晰的视觉轴线，可通过设置高低错落的吊顶来营造出层次感，或通过设置一条贯穿整个餐厅的视觉轴线来引导顾客的视线流动等。通过这些手段的运用不仅能够增强空间的立体感与深度感，还能够提升顾客的用餐体验与空间感知能力。

课后拓展

在深入学习了餐饮空间基础认知后，将理论知识转化为实际应用并不断探索创新，是每位餐饮从业者提升竞争力、打造独特品牌魅力的关键。餐饮空间的成功运营不仅在于菜品的美味和服务的周到，更在于对市场的敏锐洞察、品牌的持续创新、多渠道的销售策略、广泛的合作网络、精心的空间设计以及不断的自我优化。

1. 市场调研与分析

核心要点如下。

目标市场界定：明确目标消费群体，包括年龄、性别、收入水平、消费习惯等，通过问卷调查、社交媒体分析等方式收集数据。

竞争对手分析：研究同类型餐饮企业的定位、价格策略、菜品特色、服务质量等，找出差异化竞争优势。

趋势洞察：关注餐饮行业的新技术、新趋势（如健康饮食、快餐慢享等），以及消费者偏好的变化，为创新提供依据。

2. 品牌定位与创新

策略建议如下。

精准定位：基于市场调研结果，确立独特的品牌故事、价值主张和视觉识别系统，使品牌在市场中具有辨识度。

持续创新：在菜品、服务、营销等方面不断创新，如推出季节限定菜品、举办主题活动等，保持品牌新鲜感。

数字化建设：利用社交媒体、小程序、App 等工具，增强品牌与消费者的互动，提升品牌影响力。

任务名称	市场调研与分析						
班级		学号		姓名		日期	
任务要求	根据餐饮市场调研要求撰写调研报告						
调研报告							
教师点评							

项目二

餐饮空间设计要素

- 任务一　餐饮空间功能分区
- 任务二　餐饮空间动线设计
- 任务三　餐饮空间序列
- 任务四　餐饮空间室内设计

项目介绍

通过对本项目的学习，了解餐饮空间的功能分区、人流动线设计、空间的序列关系和空间内各个界面的设计特点，能将设计理论贯穿到整个设计过程中。

知识目标

（1）了解餐饮空间的主要功能分区知识。

（2）掌握餐饮空间的动线设计相关知识。

（3）了解餐饮空间的序列设计全过程。

（4）掌握室内界面设计的材料特点以及装饰要素。

（5）掌握餐饮空间的色彩设计运用知识。

（6）了解餐饮空间的照明设计重点。

（7）掌握餐饮空间的陈设设计要点。

能力目标

（1）能根据空间序列的先后关系合理安排各个功能区的位置。

（2）能根据空间的使用功能，进行合理系统的设计。

（3）能运用形式美法则合理组织室内界面的造型设计。

（4）能恰当地选择餐饮空间的软装饰，进行合理的设计。

（5）能根据空间的不同功能分区，合理地进行空间色彩、界面设计。

思政园地

（1）通过空间序列的安排，引导顾客体验餐饮文化的内涵，增强文化自信。

（2）倡导生态文明建设，在界面设计中采用可再生材料和节能技术，体现绿色发展理念。

（3）一个优秀的餐饮空间方案，不仅能够提升空间的美学和功能性，还能够传递积极的社会价值观念，促进社会主义文化的繁荣发展。

数字资源

教学视频
优秀案例解析

微课
拓展微课

任务一　餐饮空间功能分区

功能分区是餐饮空间设计的重要内容，功能分区是否合理，直接影响酒店的使用和经营管理。在功能分区合理的前提下，对餐饮空间的各使用功能空间加以分割，布置餐饮设备，规划交通路线，进行科学与艺术的平面设计，将为进一步的空间艺术设计奠定良好的基础。餐饮空间良好的功能分区不仅会满足顾客必要的使用需求，同时也会对酒店的经营管理产生良好的影响。

满足功能需要是一个优秀设计的前提。设计源于生活，又高于生活，它既需要满足人们对材料与施工技术等物质方面的需求，也需要满足人们对人类社会文化与艺术的价值观念及人的精神方面的需求。餐饮服务是社会活动中不可或缺的一个重要部分，它在满足人们餐饮消费的同时，还需要满足人们社会交往方面的需求。

餐饮机构的空间布局根据空间功能的不同，主要分为公共餐饮活动空间和餐饮后勤服务空间两大部分。

教学视频
餐饮空间案例解析

教学视频
餐饮空间设计——基础设计

教学视频
餐饮空间设计——功能分区

一、公共餐饮活动空间

公共餐饮活动空间主要分为餐饮大厅、包房、卫生间、服务用房（桌椅备用间、备餐间）、配套功能区等。配套功能区一般是指餐厅服务的配套空间，包括休息区、酒水吧台、接待服务台、菜品展示区或艺术展示区等。

餐饮大厅（图 2.1.1）是一类相对独立的就餐空间，可具备就餐区、观演区、菜品自助明档区；另一类是综合性就餐大厅，包括入口门厅功能区、就餐区、观演区、菜品自助明档区。入口门厅功能区（图 2.1.2）包括接待区、大堂经理工作台、休息等候区、菜品展示区、酒水展示区或收银吧台等，一般较为华丽，视觉主立面可设计店名和店标，还可以设计装饰景区，如喷泉、雕塑等。

图 2.1.1　餐饮大厅

图 2.1.2　入口门厅功能区

二、餐饮后勤服务空间

餐饮后勤服务空间是菜品加工和管理办公使用的空间。菜品加工区有热菜加工间、冷菜加工间、面食加工间、消毒间、清洗间、备餐间、活鲜养殖区（可设在大厅展示）等，管理办公使用的空间有管理办公间、员工整理间等，这些空间主要供后勤服务保障活动使用，面积按 0.7~1.2 m²/个计算。（图 2.1.3）

图 2.1.3　餐饮后勤服务空间

任务二　餐饮空间动线设计

一、餐厅动线分类

在餐饮空间的规划与设计中，动线规划是至关重要的一环。合理的动线设计能够提升顾客的就餐体验，提高服务效率，同时也影响着餐厅的整体运营效率和空间利用率。餐厅动线主要是指顾客、服务人员及物品在餐厅内的移动路线和方式。（图 2.2.1）

图 2.2.1　富有动线规划与设计的餐厅

（一）顾客动线

顾客进入餐厅后的移动路线应设计成直线向前，以便让顾客直接顺畅地走到座位上。如果移动路线过于曲折绕道，会令顾客产生不便感，而且也容易造成动线混乱。适宜地采用直线，时刻保持通道通畅，可以避免造成人流混乱，干扰顾客用餐。服务路线不宜过长（最长不超过 40 m），尽量避免穿越其他用餐空间。大型多功能厅或宴会厅可设置备餐廊。

由此可见，餐厅的通道设计应该流畅、便利、安全，尽可能方便顾客使用。避免顾客动线与服务动线发生冲突，避免重叠。发生动线冲突时，应遵循优先满足顾客使用需求的原则。餐厅通道中 1 个人舒适走动的宽度为 95 cm，2 个人舒适走动的宽度需要 135 cm（至少 110 cm），3 个人舒适走动的宽度需要 180 cm。

（二）服务人员动线

服务人员的主要工作是将食物端送给顾客。为达到最佳的工作效率，餐厅服务区的动线也应该采取直线设计且尽量避免曲折，同时还要避开顾客动线及进出路线，以免与顾客动线产生干扰。尤其是服务员上菜的路线，更应该有明显的区隔，以免因为碰撞而使碗碟翻覆造成人身伤害。服务人员动线讲究高效，对服务人员工作效率有直接影响，原则上应该设计得越短越好，并且同一方向通道的动线不能太集中，同时要去除不必要的阻隔和曲折。

（三）物品动线

餐厅物品和食物原料的进出口及搬运动线，应与服务人员动线及顾客动线完全区隔开，以免影响服务人员工作或打扰顾客用餐。最好的处理方式是另辟专用的进出口及动线，并以邻近厨房及储存设备为主要设计原则，这样一来，不但能节省人力、物力，还可以在最短的时间内将物品和食物原料做最适当的处理。

（四）进店动线规划

进店动线是顾客进入餐厅的初始体验，其规划应简洁明了，便于引导顾客快速进入餐厅内部。在设计时，必须关注入口的显眼程度、通道的宽度和流畅性，以及入口的装饰和标识。这些因素有助于吸引顾客的注意力，并激发他们的探索兴趣。同时，还需避免入口处产生拥堵现象，确保顾客能够顺畅进入。

（五）出店动线优化

出店动线是顾客用餐完毕后离开餐厅的路径。其优化能够确保顾客在离开时同样感受到良好的服务体验。设计时需考虑出口的位置、通道的顺畅性以及出口处的装饰与指引标识。避免出店动线与进店动线或就餐动线产生冲突，确保顾客能够顺畅、有序地离开餐厅。

（六）厨房区动线布局

厨房区动线是餐饮空间中最为复杂且关键的动线之一。其布局直接影响到菜品的制作效率与品质。在设计时需考虑烹饪区域、洗涤区域、储存区域等各个功能区的划分与布局，确保食材采购、加工、烹饪、出餐等各个环节能够顺畅衔接，减少不必要的移动与等待时间。

在餐饮空间有限的情况下，如何高效利用空间成为一个重要课题。通过合理的空间布局与动线设计，能够最大化利用每一寸空间。设计时需考虑家具的摆放、通道的规划以及储物空间的设置。通过巧妙的布局与设计，营造出宽敞明亮、舒适宜人的就餐环境。照明与绿植是餐饮空间设计中不可或缺的元素。合理的照明设计能够营造出温馨、舒适的氛围，提升顾客的就餐体验。而绿植的点缀则能够增加空间的生机与活力，让顾客感受到自然与和谐。在规划时需注意照明灯具的选择与布置以及绿植的种类与摆放位置，以实现最佳的视觉效果与氛围营造。（图 2.2.2）

图 2.2.2　照明与绿植搭配协调的餐厅

餐饮空间中的区域划分与区隔是动线设计的重要组成部分。通过合理的区域划分与区隔，能够明确各个功能区的界限与功能定位，提高空间的利用率与整体美观度。在规划时需考虑就餐区、服务区、厨房区等不同区域的布局与衔接方式。通过适当的隔断与装饰手法，实现各区域之间的有效区隔与协调统一。

二、动线设计的要点

（一）动线设计宜采用树枝状规划

所谓树枝状的动线规划，就是将内部空间，尤其是用餐区的动线分层级做出主次动线。主动线需要便于直接通达各区域，各区域内再按照座席形式安排次动线。主动线宽度最好不小于 1 500 mm，各区域内的次动线宽度一般为 1 350~1 500 mm，最小位置动线宽度一般为 600~1 200 mm。

（二）动线顺畅可提高服务品质及转客率

客人拉椅入座需要走道，服务人员上菜摆盘也需要走道，走道宽度是座椅尺寸之外的另一个必须谨慎考虑的尺度。动线设计需要考虑客人与服务人员之间可以保持一定距离的路径，以降低两者碰撞的概率，尤其是服务人员出菜、传菜的出入口以及卫生间周围的路段。

任务三　餐饮空间序列

人的每一个行为活动在时空中都体现为一系列过程，静止只是相对和暂时的，这种活动过程称为行为模式。例如，看电影，先要看电影海报或广告，进而去买票，然后在电影开演前略加休息或做其他准备活动（买小吃、去卫生间等），最后观看（这时相对静止），看完后由后门或旁门疏散，这时看电影活动就基本结束了，而室内空间设计一般也是按这样的序列来排列的。因此，建筑空间也应按此序列安排：广告处—售票间—休息厅—小卖部—卫生间—观看大厅—出口。这就是空间序列设计的客观依据。

对于更为复杂的活动过程或同时进行多种活动，如参加规模较大的展览会、进行各种文娱社会活动和游园等，建筑空间设计也要相应复杂一些，在序列设计上，层次和过程也会相应增多。空间序列设计虽应以活动过程为依据，但如果仅仅能满足行为活动的物质需要，那是远远不够的，因为满足行为活动的物质需要只是一种“行为工艺过程”的体现而已，而空间序列设计除了按“行为工艺过程”要求把各个空间作为彼此相互联系的整体来考虑外，还以此作为建筑时间、空间形态反作用于人的一种艺术手段，以便更深刻、更全面、更充分地发挥建筑空间艺术对人心理、精神的影响。

一、序列的全过程

空间序列指在建筑或室内设计中，空间的安排和布局所形成的顺序和关系，主要分为以下四个阶段。

（一）起始阶段

起始阶段，即序列设计的开端，预示着将要展开的内容，这部分要有足够的吸引力。比如在酒店或高档餐厅的设计上，一般走进大门后会有一块屏风隔断，从隔断的装饰上可以看出这个空间的整体设计风格——是现代风格、仿古风格或其他风格，可以视为序曲。

（二）过渡阶段

过渡阶段既是起始后的承接阶段，又是出现高潮阶段的前奏，在序列中，起到承前启后、继往开来的作用，是序列中的关键一环。特别在长序列中，过渡阶段可以表现出若干不同层次和细微的变化，由于它紧接着高潮阶段，因此对最终高潮出现具有的引导、启示、酝酿及引起期待的作用，乃是该阶段需考虑的主要因素。序列设计中的过渡阶段，是培养人的情感并引向高潮的重要环节。

（三）高潮阶段

高潮阶段是序列设计中的主体，使人在环境中产生种种最佳的感受。前面的各个阶段都是为它服务的。

（四）结束阶段

在结束阶段，一切由高潮恢复到平静，这也是序列设计中不可少的一环，结尾要使人回味。

二、餐饮空间的序列

（一）起始阶段——入口内外功能区

入口外部要留有足够空间用来供车辆停靠或停留，同时应配备接待人员进行车位停靠的引导。入口内侧应为迎宾员接待、引导等服务预留入口空间，并为顾客安排就餐前后休息区域、等候区域和观赏区域。（图 2.3.1）

（二）过渡阶段——吧台和候餐区

吧台是商业餐饮空间最重要的工作环节，它不仅具有收银、订餐、销售酒水等综合服务的功能，同时还兼具餐厅管理的顾客接待的作用。同时，在餐饮空间环境设计方面，吧台应该是环境设计的重点以及室内环境设计的中心视点，它是一个企业形象的重要标志。

候餐区承担着迎接顾客、休息等候用餐的“过渡区”功能，这个区间的设定充分体现了餐饮商业服务人性化的一面，也能体现出餐厅经营的理念。往往高档的餐厅会把这个区域设计得精美别致，富有文化内涵。优美华贵的环境，不仅让人难忘，还使得消费者从中得到心理的满足。（图 2.3.2）

图 2.3.1　起始阶段

图 2.3.2　过渡阶段

（三）高潮阶段——用餐功能区

用餐功能区是为顾客提供就餐活动的空间。这种空间环境大到宴会厅、餐厅，小到吧台、小包房等。它应该是一个餐厅的主要功能区。用餐功能区是所有商业餐饮服务的最终地点，顾客在这一空间中就餐，待的时间最长，所以在这个空间内提供的服务应该是最全面的。（图 2.3.3）

（四）结束阶段——后勤办公区域

后勤办公区域是商业餐饮机构的一个重要部分，是酒店经营管理的重要保障。前台销售的所有菜品都是由后勤办公区域的厨房加工制作的，同时后勤办公区域还要有餐饮酒店的经营管理部门。后勤服务的规模和标准决定了酒店前台服务的质量。（图 2.3.4）

图 2.3.3　高潮阶段

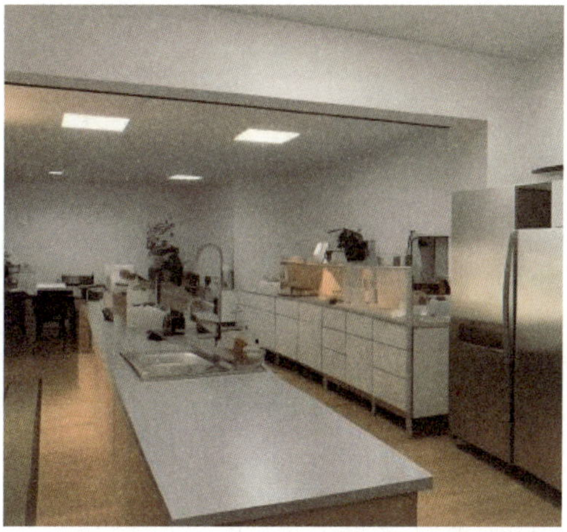

图 2.3.4　结束阶段

餐饮后勤服务空间的设计要求有以下几点。

（1）餐饮后勤服务区要有独立的对外出入口、独立的内部通道及必要的建筑空间，以保障后勤工作的独立性和隐蔽性。

（2）菜品加工制作区（厨房系列）是加工菜肴的必要工作区域，包括热菜加工区、冷菜加工区、面食加工区、消毒间、洗涤间、备料间等。菜品加工制作区地面应设计排水系统，便于该区域的卫生清洁。

（3）厨房的设计要根据餐饮部门的种类、规模、菜谱内容来综合确定。它是商业餐饮空间的主要功能区，主要为顾客提供菜品的加工与制作服务。

（五）餐饮空间设计注意事项

（1）总体布局时，把入口、前室作为第一空间序列，把大厅、包房、雅间作为第二空间序列，把卫生间、厨房及库房作为最后一组空间序列，使其流线清晰，功能上划分明确，减少相互之间的干扰。（图 2.3.5）

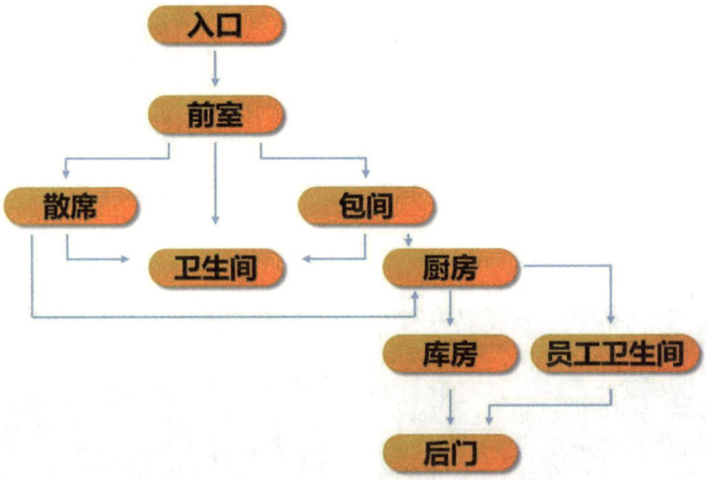

图 2.3.5 空间序列

（2）餐饮空间分隔及桌椅组合形式应多样化，以满足不同顾客的要求；同时，空间分隔应有利于保持不同餐区、餐位之间的私密性不受干扰。

（3）餐厅空间应与厨房连接便利，应该阻挡顾客视线，现今，开放式厨房多为凉菜制作区，以玻璃作为隔断。厨房及配餐室的声音和气味不应影响到顾客就餐。

任务四 餐饮空间室内设计

一、餐饮空间的界面设计

教学视频
餐厅界面设计

教学视频
设计原则与方法

室内空间环境是由水平界面（天花板、地面）和垂直界面（墙面）围合而成的。各界面的大小、形状、颜色、材料直接影响室内空间给人的感受。

（一）顶面设计

顶面设计可根据地面功能区域的划分进行呼应，要注意造型的形式美感，对空间能够起到延伸和扩大的作用；并且，还要力求简洁、完整并和整体空间环境协调统一；另外，还要起到遮掩梁柱、管线，隔热、隔音等作用。

顶部吊顶的装饰手法讲究均衡、对比、融合等设计原则，吊顶的艺术特点主要体现在色彩的变化、造型的形式、材料的质地、图案的安排等方面。

浅色的顶棚会使人感到开阔、高远，深而鲜艳的颜色会降低其视觉高度，墙面材料和装修内容延至顶棚会增加其视觉高度，顶棚材料延至墙面以及与墙面发生对比会降低其视觉高度。（图 2.4.1）

图 2.4.1　顶面设计

（二）立面设计

立面是室内空间界面的垂直面，和人的视距较近。立面设计的好坏直接影响整个室内空间的氛围。因此，在设计时应注意从整体性、艺术性、功能性方面考虑。

墙面设计要注意空间的功能性和物理性。物理性包括隔音、防水、保暖、防潮等要求。墙面材料可使用一些新型材料，如不锈钢，其表面明亮如镜、装饰感强、不易腐蚀、易清洁，在设计风格上极具现代感；铝合金的应用同样广泛，其表面光滑、平整、耐腐蚀性强，可以制成板材，压制成各种断面的型材。（图 2.4.2 至图 2.4.6）

图 2.4.2　立面设计

图 2.4.3　墙面设计

图 2.4.4　隔断设计

图 2.4.5　半通透隔断设计

图 2.4.6　中式园林墙面设计

（三）地面设计

地面的划分要注意大小、方向，由于视觉心理作用，地面分块较大时，室内空间显小，反之室内空间就显大。一块正方形地面，如果将其做横向划分，则横向显宽，反之则横向显窄。一般来说，地面的装饰应和整个餐厅的装饰协调统一，以取长补短，衬托气氛，即地面既要和房间的顶棚、墙面协调配合，也要和室内家具陈设等互相衬托。地面装饰材料宜采用深暖中和性色调，如采用土黄、红棕、紫色等偏暖色彩，因为它们有衬托家具和墙面的作用，所以用这些稳重、沉静的色彩比较协调，可以使得整个房间既有力量又富有协调性，并能衬托出其端庄、稳重的特点。此外，还要考虑整个房间的色彩统一，不杂不乱。（图 2.4.7、图 2.4.8）

图 2.4.7　大堂地面

图 2.4.8　原质类地面

较大空间的地面，常用图案设计来体现空间的华贵。因此，地面图案的设计又成为整体设计的一个亮点。在设计地面图案时要注意以下几点。

（1）强调图案本身的独立性和完整性。

（2）强调图案的连续性、韵律感，并要求具有一定的导向性。

（3）强调图案的抽象性，色彩、质地的灵活选择性。

在地面色彩的设计中，浅色的地面可以增强室内空间的明亮感，而深色的地面会将大部分光线吸收。暖浅色的地面能给人振奋的感觉，带来安全感。浅冷色的色彩会给地面蒙上一层神秘庄重的面纱，中灰色的无花纹的地面显得高雅、宁静，并能衬托出家具色彩的个性，凸显家具造型的外观美。（图 2.4.9）

（a）　　　　　　（b）

图 2.4.9　地面设计

（a）冷色调地面　（b）通过地面进行分区设计

二、餐饮空间的色彩设计

教学视频

色彩的重要性

色彩是设计中最具表现力和感染力的元素。它通过人的视觉系统产生一系列生理、心理以及类似物理的反应，激发丰富的联想，传递深刻的寓意与象征意义。在餐饮空间设计中，色彩不仅需满足环境主题的塑造需求，还要精准把握色彩心理，以营造舒适的氛围，唤起人们的情感共鸣，激发联想与回忆，从而达到引发情感共鸣的效果。

餐饮空间的色彩设计通常宜选用暖色调，如橙色、黄色和红色等。这些色彩不仅能帮助稳定情绪、激发食欲，还能提升食物的色彩诱惑力。在味觉感知上，橙色给人一种香甜略带酸的感觉，黄色象征着丰收的五谷，而红色则传达出鲜甜、成熟并富有营养的印象。巧妙运用色彩的味觉生理特性，能够营造出温馨、诱人的餐厅氛围，增强顾客的用餐体验。（图 2.4.10）

（一）室内色彩的协调与对比

室内色彩设计能否达到理想效果，关键在于如何处理各种色彩之间的关系，尤其是协调与对比的平衡问题。由于室内色彩的元素种类繁多，如果缺乏选择性地进行搭配，或者随意堆砌色彩而不遵循构图规律，往往会导致杂乱无章的效果。因此，色彩关系应遵循“统一中有变化，协调中有对比”的原则，才能使空间既具舒适感，又能带来视觉上的美感享受。

图 2.4.10　色彩的调和

色彩协调可以创造一种平和、稳定的氛围，但过度强调协调可能导致空间显得平淡、单调、呆板，缺乏活力。相反，色彩对比能够赋予室内气氛生动与活力，但过度对比则可能破坏整体的稳定性，产生过强的视觉刺激。

处理室内色彩关系的基本原则是“大调和、小对比”，即在大面积色块之间强调协调，而小面积色块则与大色块形成对比，或在整体布局上强调协调，通过局部的对比来形成视觉焦点。这样既能确保空间的和谐统一，又能在细节处增加趣味与活力。（图 2.4.11、图 2.4.12）

图 2.4.11　色彩的对比

图 2.4.12　具有特色家具与装饰色彩的餐厅

（二）室内色彩构图

色彩在室内构图中常常发挥着独特的作用，它不仅能吸引视线聚焦于某一物体或降低其视觉重要性，还能够通过色彩的运用调整物体的视觉大小，使其看起来更加突出或更加收敛。

考虑到室内物件在品种、材料、质地、形式以及相互之间的空间层次上的多样性与复杂性，色彩的统一性显得尤为重要，它为整体设计提供了和谐的基础。在此基础上，各种色彩元素可以有机结合，以增强空间的视觉效果和情感表达。室内色彩一般可归纳为以下几类。

（1）背景色，如墙面、地面和天花板，通常占据较大的面积，起到衬托室内其他物件的作用。因此，背景色在室内色彩设计中是首先要考虑的因素，它为整个空间奠定了基调。

（2）主体色彩，包括家具色彩和织物色彩。不同品种、规格、形式和材料的家具（如餐桌、椅子、沙发等）是室内陈设的核心，承载着空间风格与个性的体现，常常决定着室内总体效果的主色调。织物则涵盖窗帘、桌布、地毯、沙发套、坐垫等软装材料。室内织物的材质、质感、色彩和图案变化丰富，与人的日常活动紧密相关，扮演着举足轻重的角色。若忽视这些织物的搭配，它们可能成为设计中的干扰元素。织物既可作为背景色彩，也可作为重点装饰，提升空间的层次感和舒适度。

（3）点缀色彩，主要体现在室内的陈设色彩上，包括绿植、灯具、烟灰缸、工艺品、绘画和雕塑等。这些物品尽管体积较小，却常常起到画龙点睛的作用，不容忽视。点缀色彩能为空间增添亮点和趣味，强化整体色彩的表达。而绿化色彩，即室内的各种花卉和植物，不仅与其他色彩易于协调，还能丰富空间氛围，营造出更具生机与生活气息的环境，起到软化空间、调节气氛的独特作用。

三、餐饮空间的照明设计

教学视频

餐厅里的灯光盛宴

教学视频

餐饮空间布局与灯光特点

教学视频

餐饮空间设计与LED灯

教学视频

台球厅的灯

照明设计在餐饮空间中扮演着至关重要的角色。它不仅提供基本的照明功能，还通过光影的变化强化空间氛围，巧妙引导顾客视线，突出餐厅的装饰风格和特色。

灯光对人的味觉和心理具有潜移默化的影响，因此，餐饮空间的设计必须通过合理的照明系统来营造理想氛围，实现饮食之美与空间之美的和谐统一。餐饮空间照明设计的合理性，离不开餐厅经营者与设计师之间的紧密合作和沟通，并应在施工前充分介入，以确保最终效果的完美呈现。

（一）餐饮空间照明规划标准

餐饮空间照明设计的标准主要侧重于功能性的满足。其目标是以顾客需求为导向，在满足商业诉求的基础上，提供必要且具功能性的视觉效果。同时，照明设计应遵循《建筑照明设计标准》（GB/T 50034—2024）的相关要求，确保设计的科学性与规范性。（表 2.1.1 和表 2.1.2）

表 2.1.1　餐厅建筑照明标准值

房间或场所	参考平面及其高度	照度标准值（lx）	统一眩光值	显色指数
中餐厅	0.75 m 水平面	200	22	80
西餐厅	0.75 m 水平面	150	—	80
酒吧间、咖啡厅	0.75 m 水平面	75	—	80
多功能厅、宴会厅	0.75 m 水平面	300	22	80
厨房	台面	500	—	80

表 2.1.2　餐厅建筑照明功率密度限值

房间或场所	照明功率密度限值（W/m²）		照度标准值（lx）
	现行值	目标值	
中餐厅	≤9.0	≤8.0	200
西餐厅	≤6.5	≤5.5	150
多功能厅	≤13.5	≤12.0	300

（二）选择光源

亮度与照度的控制在餐饮空间照明设计中至关重要。过高或过低的亮度都会影响顾客的用餐体验。通过科学合理的亮度与照度规划，可以确保餐厅各区域的照明需求得到满足，同时营造出舒适宜人的用餐环境。

光色是照明设计中的关键元素之一。不同的光色能够营造出不同的氛围与情感。暖色调的光源能够创造温馨浪漫的氛围，适合家庭聚餐或情侣约会；而冷色调的光源则更显清新明亮，适用于快餐店或商务聚餐场所。通过调整光色与照明方式，可以精准地塑造符合餐厅定位与主题的光影效果。

光的亮度与色彩是决定空间气氛的主要因素。过度的亮光与噪声一样，都可能破坏环境的和谐氛围。合理的照明设计是营造餐饮空间氛围的重要手段，应充分利用光的色彩、调性、层次和造型变化，构建富有层次的光影图案，从而营造出情感丰富、充满氛围的就餐环境。（图 2.4.13、图 2.4.14）

图 2.4.13 光影关系

图 2.4.14 空间的光照

（三）灯具的选择

光源类型包括自然光、白炽灯、荧光灯、发光二极管（Lighe Emitting Diocle，LED）灯等。每种光源都有各自独特的光色和照明效果。在餐饮空间中，应根据空间大小、装修风格和照明需求选择合适的光源类型。灯具的选择不仅要考虑其照明效果，还要关注其造型和风格是否与餐厅整体氛围相协调。吊灯、壁灯、射灯、台灯等多种灯具类型可以灵活搭配使用，以创造出丰富的光影效果。

光既可以是无形的，也可以是有形的；光源可以隐藏，灯具则可以显现，二者的结合无论有形还是无形，都是艺术的体现。在选择灯具时，除了考虑其实用性和装饰性外，还需要关注亮度要求。理想的亮度应避免刺眼，经过安全处理后，光线应柔和宜人。

如今，灯具已超越了最初仅为照明而存在的单一功能，逐渐成为现代装饰品的重要组成部分。在造型设计上，灯具融合了多种流行元素，古典与现代、中式与西式风格交织其中，呈现出丰富多样的艺术气息。同时，灯具的材质也日益多元化，除了玻璃、金属和塑料等传统工业材料外，一些自然原材料，如竹、藤、线和纸等，也得到了广泛应用，为灯具设计注入了更多自然与人文的色彩。

（四）空间照明设计重点

在餐饮空间的照明设计中，一般需要对下面几个位置进行重点设计。

1. 餐厅入口及吧台处

在餐饮店面设计中，餐厅的入口应比较具有辨识度，因为这是顾客进入餐厅前就会注意到的地方。可以说，它直接决定顾客对餐厅的第一印象。因此，做好餐厅入口处的照明设计是非常重要的一项工作。在设计餐饮店面时，入口处应注意将其和周边环境进行明显区分。这种区分可以通过不同方法来实现，如照度区分，即比周围更亮或者更暗；或色温区分，即比周围更暖或更冷。它们的目的都是一样的，即通过显著的标识来吸引顾客。（图 2.4.15）

图 2.4.15　空间的照明及层次

吧台是餐厅中向客人提供酒水及其他服务的工作区域，是整个餐厅的中心和总标志，因此吧台一般应设置在显著的位置，如进门处、正对门处等。吧台后面的工作区和陈列部分要求有较高的局部照明，以吸引人们的注意力并便于操作，吧台下可设光槽照亮周围地面，给人以安定感，室内环境要暗，这样可以利用照明创造出不同个性。

2. 餐厅就餐空间

为了让桌面上的菜肴看起来更加诱人，灯光的显色指数尤为重要，即光源对色彩的还原程度。可以通过小角度的光束照明来增加餐饮空间的戏剧效果，但需要注意的是，这种方式容易导致灯光下的顾客面部出现阴影，甚至产生“黑脸”现象。同时，过度强调明暗对比可能会导致顾客的视觉疲劳。解决这一问题的关键在于基础照明设计，即餐桌以外的整体环境光线布局。

对于餐厅设计中的卡座和包厢，核心是营造私密感。为了突出这一点，可以将光源向下压，缩短灯具与桌面之间的距离，或者通过遮挡灯具背面来减少光源的外泄。这样，空间上方的阴暗与桌面周围的明亮光线形成鲜明对比，创造出明确的视觉边界，帮助塑造私密、舒适的用餐环境。

餐厅窗边座位是餐饮空间设计中的“橱窗广告位”，但常常容易被忽视。在这个位置，设计重点不再是亮度，而是美感与通透性。可以利用轨道灯照射窗边的桌子，使空间显得更加柔和温暖；或者调暗玻璃幕墙边的光线，从远处看，能够呈现充满艺术感的剪影效果。这种设计能够吸引潜在顾客的目光，将其引导到照度较高的室内区域，激发他们的用餐欲望。

在光线颜色的选择上，白光和黄光更为适宜，因为它们能激发人的食欲。中餐厅的设计通常会偏向暖光，营造温馨氛围，促进人与人之间的交流；而西餐厅的设计则更加注重柔和的光线，避免显得过于嘈杂。背景照明的设计应根据需要调整，既不应过于明亮，也应避免光线过于刺眼，从而烘托出室内的整体氛围。（图 2.4.16、图 2.4.17）

图 2.4.16 暖色光

图 2.4.17 中性色彩

3. 餐厅卫生间

在餐饮店面设计中，卫生间的照明设计应遵循国家标准的安全照度要求。特别是在洗手盆区域，光线应保持通透明亮。建议在镜前安装灯具，以确保洗漱台区域的照明更加充足，方便顾客整理仪容。

四、餐饮空间的陈设设计

陈设设计是餐饮空间设计的重要组成部分，是各种装饰元素的有机组合，对餐厅整体风格起到画龙点睛的作用。它不仅能直接反映出当地的人文与地域特色，还能在某种程度上提升餐厅的文化氛围和艺术感染力。陈设设计也是对餐厅空间组织的再创造，常被称为“二次装饰”。

教学视频
优秀作品赏析

微课
中式传统空间设计

陈设品设计的范围十分广泛，通常可分为装饰性陈设品设计和功能性陈设品设计。装饰性陈设品包括织物、工艺品、书法、绘画、雕刻、陶瓷、纪念品和观赏植物等，这些艺术品既具有艺术情调，又具有装饰效果；功能性陈设品则包括餐具、桌布、容器、花瓶、窗帘、灯具和家具等，它们不仅注重造型与色彩，同时兼具功能性与观赏性。餐饮空间的陈设设计具有以下两方面重要作用。

1. 为顾客构筑精神空间

越来越多的餐厅开始重视形象升级，致力于为顾客打造高颜值的空间。与此同时，顾客的需求也变得更加“挑剔”，在享受美食（物质）的满足之外，他们愈加注重精神层面的享受。室内陈设便成为展示餐饮空间文化的重要载体，它有助于渲染氛围并增强艺术感染力。字画、雕塑、工艺品等室内陈设，已成为顾客获得精神享受的主要媒介。

精心布置的陈设品不仅能够提升餐厅的整体氛围，还能够有效激发顾客的食欲。古人有“望梅止渴”的说法，而今则是“望物欲食”。优秀的室内陈设可视为一项增值服务，不仅能愉悦顾客的心情，还能在无形中激发他们的食欲。例如，优雅舒适的餐桌布置，或者在点餐区域和等待区悬挂一些能够引发食欲的美食挂画，都能有效提升顾客的用餐体验。

2. 为室内构筑丰富的层次感

室内陈设对餐厅空间具有再创造的效果，它不仅为整个餐厅空间增添了层次感，还起到了画龙点睛的点缀和辅助作用。通过巧妙运用家具、织物、艺术品、绿化植物等陈设品的样式、色彩和摆放形式，可以塑造出丰富的空间层次感，提升餐厅的视觉效果与氛围。

陈设品对餐厅空间气氛的营造至关重要。其选择和使用必须与餐厅整体设计风格相契合，与餐厅的整体构思相呼应。在选择陈设品类型时，应特别注意与墙面、台面及其他室内构件的搭配和组合，做到刚柔相济、虚实结合。例如，长方形的餐桌上，瓶花的插置宜形成三角形，而圆形餐桌上，瓶花的摆放则最好呈圆形。这样，陈设与餐厅的整体环境相得益彰，互相烘托，营造出和谐统一的空间效果。

餐饮空间的陈设应根据其设计风格来精心挑选。例如，中式餐厅通常会采用传统的字画作为装饰，表现形式包括楹联、条幅、中堂、匾额，以及具有分隔作用的屏风、纳凉用的扇面等。这些陈设的材料也非常丰富，包括纸、锦帛、木刻、竹刻、石刻、贝雕、刺绣等，体现了浓厚的文化底蕴和艺术气息。（图 2.4.18）

图 2.4.18　空间陈设

其他一些艺术品，如摄影作品、雕塑和工艺美术品，在餐饮空间设计中都是经常被使用的。摄影作品作为一种纯艺术形式，因其写实和逼真的特点，比绘画更能直接呈现现实的细节。雕塑作品种类繁多，包括瓷塑、铜塑、泥塑、竹雕、晶雕、木雕、玉雕、根雕等，题材丰富、内容多样，其艺术感染力往往超过绘画，在灯光和背景的映衬下，更加生动逼真。

工艺美术品的种类和材质非常广泛，涵盖竹、木、草、藤、石、泥、玻璃、塑料、陶瓷、金属、织物等各种材料。这些工艺美术品不仅具有装饰效果，还能增添空间的艺术气息。餐饮空间中的织物陈设材质丰富，具有良好的吸声效果，使用灵活，便于更换。例如，壁挂、窗帘、桌布、挂毯等织物装饰品，不仅能提升空间的美感，还能有效调节空间的声学效果，增强整体氛围。

项目三

餐厅空间实训设计

- 任务一　中式餐厅设计实训
- 任务二　咖啡厅空间设计实训
- 任务三　红色旅游主题餐厅设计实训
- 任务四　亲子餐厅设计实训

任务一 中式餐厅设计实训

任务介绍

本任务主要讲授以中国为代表的东方传统餐厅设计风格。通过分析优秀中式餐厅设计案例，使学生了解中国餐饮文化和习惯。以真实中式餐饮空间装饰工程项目为依托，让学生完整地学习餐饮类建筑室内空间的设计原理与设计方法，并逐步掌握室内空间设计、界面设计、功能性设计、灯光照明设计在餐饮类室内空间设计中的综合运用，使学生具备独立进行餐饮类室内空间方案设计和图纸绘制的能力。

通过经典案例的分析，提升学生的设计水平、开拓设计思路，并学习使用计算机辅助设计软件来绘制平面图和效果图。

知识目标

（1）了解餐饮设计操作过程，明确设计思考的各方面因素。

（2）了解中式餐厅空间设计的基本原则和方法，掌握中式餐厅空间规划、布局等方面的知识。

（3）掌握中式餐厅家具、饰品选择搭配的方法。

（4）学习空间色彩和光环境设计。

能力目标

（1）加强对空间形态构成的理解、深入掌握餐饮空间设计基础理论。

（2）培养学生设计创意、手绘表现、计算机制图能力。

（3）培养学生独立思考能力、设计创新精神、敬业精神、探索精神。

教学重点和难点

教学重点

中式餐饮空间的合理功能分区、空间组织、氛围营造、实用与美观、新技术工艺的应用和顾客的体验感等环节的思考。

教学难点

在设计中，动线布局是关键，它直接影响到顾客的用餐体验和餐厅的运营效率。教学难点主要集中在如何让学生掌握动线布局与表现形式，以及将理论知识应用于实际案例中。教学中可以让学生多进行实际案例的练习，通过整理问题给学生进行分析讲解，以及鼓励学生自我表达和进行优秀作品的解读。

思政园地

中式餐厅是一种餐饮空间的设计风格，更是一种文化的传承。在设计中会加入中式元素，让消费者感受到浓厚的文化氛围。将中国传统文化与现代设计元素相结合，让人们感受到了一种独特的文化自信。用弥足珍贵的艺术内涵与艺术性格，让人感受到中式生活的优雅与包容。

数字资源

教学视频
火锅店设计分析

教学视频
中式茶楼畅游

微课
特色餐饮空间设计

教学视频
餐饮空间案例分析

教学视频
苏州古典造园元素与现代餐厅空间的融合

一、任务准备

（一）优秀设计案例分析：苏荟——餐饮店面设计

与商场一派现代气息不同的是，苏荟（图 3.1.1）带给人以宁静与雅致的感受。苏荟以苏州古典园林为蓝本，用建筑构件分隔空间。以厅堂为中心，利用景墙、格栅、亭柱来设置空间，环以厢房和其他小景，并用游廊联系起来，又巧用空窗透视，似隔非隔、围而不合，组成一个可游、可观的整体，唯美不奢华、含蓄不张扬、精致不造作，更与苏荟淡雅的菜品相得益彰。

图 3.1.1　苏荟

1. 风格：中式园林

意境是园林艺术的灵魂所在，构园往往“意在笔先”。项目以古朴自然、淡雅幽静的艺术构思，结合园林特点，打造内部舒适的环境氛围。透过精美细致的圆形漏窗，选择性地将景纳入画面，既增加了神秘感，又体现出一种朦胧隐约之美。借亭榭、山石、泉池、花木，与山水园林达成精妙绝伦的契合。配合竹影、水影、光影等种种虚景，营造出更加多姿多彩的“画卷”。(图 3.1.2)

图 3.1.2　意境的塑造

2. 空间色彩

色彩是最易被感知的元素，关系着整体空间的品位。园林艺术极少使用彩绘，往往在白墙灰瓦中更显得古香古色，韵味十足，如同行走在水墨画之间。白色的景墙隔断，是衬托水墨竹画与景观植物的绝佳幕布，与灰色相互映衬，然后加之以自然、朴实为特性的原木色，给人以安静闲适的感觉。黑色的巧妙搭配，带来了精致的艺术效果，提升了空间的层次感。(图 3.1.3)

3. 空间布局

空间布局上通过虚实、对比、借景等手法，将空间各部分之间以景墙相隔，以廊贯通，又以形式多样的空窗、栅格点缀使景观相互渗透，可分可合，错落有致，层次丰富。(图 3.1.4)

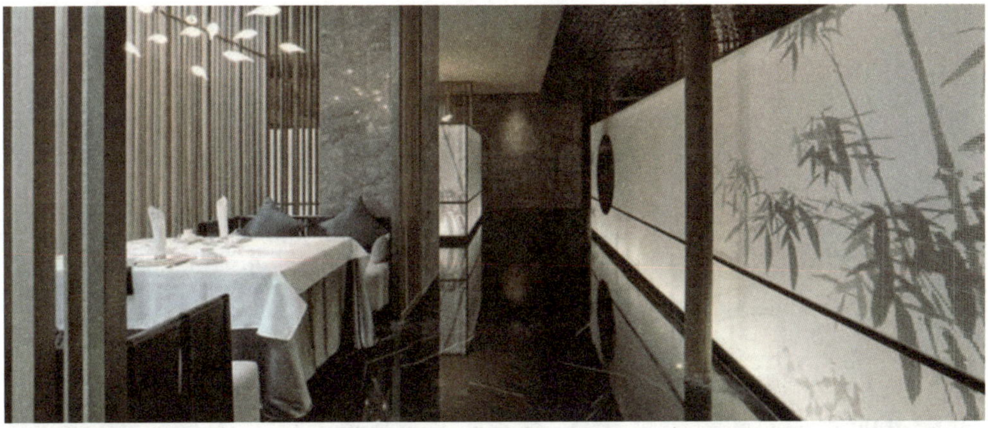

图 3.1.3　色彩的运用

图 3.1.4　空间布局

“庭院深深深几许”，在这里，把空间意识转化为时间进程的流动美，通过线的艺术特征，使人慢慢游历在一个曲折多变的进程中，没有严格的对称性，迂回曲折，有畅通，有阻隔，小中见大，移步换景，有引人入胜之妙。

虚实相生，加以当代艺术的配饰点缀，赋予空间数不尽的红尘画卷。唇齿之间，融入一股幽香，道不尽的流连与回味。

（二）知识点讲解

1. 中式餐厅空间布局

中式餐厅的空间布局主要分为两种类型：宫廷式布局和园林式布局。

1）宫廷式布局

这种布局采用严谨的左右对称方式，强调空间开敞和场面宏大。在轴线的一端常设主宾席和礼仪台，适合举行各种盛大喜庆宴席，给人一种隆重热烈的感觉。这种布局方式与装饰风格紧密相关，常采用或简或繁的宫廷做法，以体现宫廷或皇家的尊贵与华丽。（图 3.1.5）

图 3.1.5　中式餐厅大堂

2）园林式布局

与宫廷式布局的严谨对称不同，园林式布局采用园林的自由组合特点，将室内的某一部分结合休息区处理成小桥流水，通过漏窗与隔扇的设计，将靠窗或靠墙的部分进行较为通透的二次分隔，划分出主要就餐区与次要就餐区。

这种布局旨在给顾客一种室内空间室外化的感觉，犹如置身于花园之中，使人心情舒畅，增进食欲。园林式布局的装饰风格与细部常采用园林的符号与做法，以营造自然、和谐的环境氛围。（图 3.1.6）

图 3.1.6　园林式就餐区

中式餐厅的空间布局不仅注重美学和实用性，还深深植根于中国传统文化之中，通过宫廷式和园林式两种布局方式的选择，以及家具和装饰的精心设计，为顾客提供既美观又舒适的用餐体验。

2. 动线设计要点

餐厅动线是指顾客、服务员、食品与器皿在餐厅内流动的方向和路线。一般来讲，餐厅需要考虑的动线分为两部分：顾客动线和服务动线。其中顾客动线的起点和终点都在餐厅主入口，以从大门到座位之间的通道畅通无阻为基本要求，相比而言，服务动线增加了从出餐口到客户座位的距离。

动线设计的目的，是使消费者比较容易把握、理解项目布局的逻辑性，建立可以快速离去的安全感，从而可以放心就餐。合理的设计能清晰地引导顾客的移动方向，让顾客能在点餐、就餐、出入的过程中流畅而有序地行动，可以更加方便地使用空间。

前厅的动线，通俗来说，就是服务员日常走动的路径。在餐厅设计之初，需要仔细规划各个功能区域的位置，比如工作台、出餐口、洗碗间、收银台等。这些位置的安排是否合理，直接影响到服务的效率，因此必须提前进行充分的预判。在整个服务流程中，关键是确保这些功能区域的位置能够满足服务员最少的走动步数。理想的动线布局应当是能够让服务员避免走冤枉路，甚至尽量减少不必要的行走，提升整体服务效率。

3. 室内色彩搭配

中华文化中的色彩观念深远，五色交织出绚丽画面，根植于“五行五色”的学说。这一学说深信，“色不过五，五色之变，却能演绎出无尽的风华”。这五色，即黑、白、红、青、黄，如同五位舞者，在中华文化的大舞台上，交织出一幅幅绚丽多彩的画面。古建筑韵味融入天花板上，桌椅条案尽显古朴。餐具搭配勾勒出中国元素，陶瓷承载千年文化。中式餐厅以中华文化为基石，以古典元素为点缀。设计元素如彩虹般绚烂，探寻心动细节。（图 3.1.7）

新中式餐厅的色彩设计注重传统与现代的融合，以及色彩和材质的和谐共生。在设计时，设计师会采用一些传统元素，如墨黑、深红、紫檀等深色，来营造沉稳、典雅的氛围，这些颜色不仅能够凸显中式风格的沉稳和典雅，还能为空间增添一份庄重大气的氛围，彰显出独特的品位与格调。

此外，为了增添空间的华丽感和温馨感，设计师还会在局部使用明亮的色彩，如金黄色、红色等，这些色彩的加入可以使空间更加生动和活泼，提升用餐环境的舒适度和温馨感。色彩的搭配应根据不同区域的功能和特点进行调整，以营造出丰富的空间层次感和氛围，确保顾客在享受美食的同时，也能感受到空间的舒适与便捷。

图 3.1.7 包间内景

4. 室内软装配饰

中式餐厅的软装设计注重融合传统与现代元素，营造出温馨、舒适且具有文化氛围的用餐环境。中式餐厅的软装设计涵盖了多个方面，包括色彩搭配、装饰风格、空间布局、灯光设计以及细节处理等。装饰风格方面，传统元素如中国结、红木家具、仿古屏风等被广泛运用，以营造浓厚的中国风情和独特的中式文化魅力。这些元素与现代元素的结合，打造出新中式风格，既保留了传统韵味，又符合现代审美。

灯光设计也是关键环节，柔和的灯光有助于营造浪漫氛围，特殊灯饰和灯光的渐变效果可以增强空间感和层次感。细节处理同样重要，包括餐具、桌布、花卉的摆放等，这些细节决定了用餐环境的整体感觉和品质。(图 3.1.8)

此外，中式餐厅的设计还注重文化意境的营造。通过书法、国画、传统图案等文化元素的运用，以及灯光、音乐的氛围营造，使顾客在享受美食的同时，也能感受到浓厚的文化氛围和独特的意境美。这种文化意境的营造不仅提升了餐厅的品位和格调，也为顾客提供了一次心灵的洗礼和文化的熏陶。(图 3.1.9)

中式餐厅的软装设计通过色彩、装饰风格、空间布局、灯光设计和细节处理的精心策划，旨在营造一个既具有传统文化韵味又符合现代审美需求的用餐环境，让顾客在享受美食的同时也能感受到文化的魅力，得到舒适的体验。

图 3.1.8　灯光氛围

图 3.1.9　中式元素家具饰品搭配

二、任务步骤

（一）设计分析

1. 设计任务

本设计任务为一个 200 m² 空间，需要满足多人就餐，体现新中式餐饮空间特点，要求合理规划空间布局，包括服务台、等待区、室内就餐区、室外就餐区、包厢、卫生间等功能区域。

2. 区域地理位置分析

项目位于杭州西湖玉皇山北麓的林间隐逸处，作为西湖群山中可以同时俯瞰西湖与钱塘江的存在，玉皇山与毗邻的凤凰山，见证了千年来杭州城的风雨飘摇与市井烟火。

3. 设计定位

新中式餐厅设计是一种将传统中式元素与现代设计理念相结合的设计风格，旨在创造一个既有东方韵味又不失现代感的餐饮环境，满足不同年龄段人群的就餐需求。

（二）市场调研案例分析

慕达建筑作品成都青羊宫“宽三堂”中餐厅，位于中国四川省成都市青羊宫旁。青羊宫历史悠久，始建于周朝，青羊宫被誉为“川西第一道观”。（图 3.1.10）

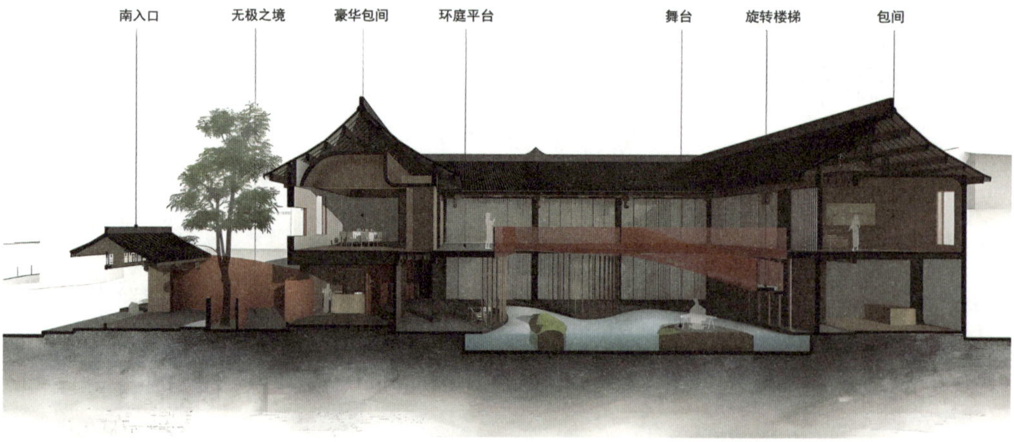

图 3.1.10　青羊宫“宽三堂”中餐厅

设计理念来自道家哲学经典《老子》，道家讲“谷是生之地，生之繁衍不息”。院内造景，院外借景，窗棂对景，利用传统园林的流线组织原则使游人身处其中，处处皆是体悟。弧形旋转楼梯将一楼与二楼空间串联，二楼曲线平台实现了空间的收放，提供了与青羊宫的不同观景视角。空间色调以木色和白色为主，使用灵活的木格栅推拉门实现空间的通透性，内外空间相互渗透，与青羊宫景色相映成趣。

（三）主题灵感来源

主题灵感来源如图 3.1.11 所示。

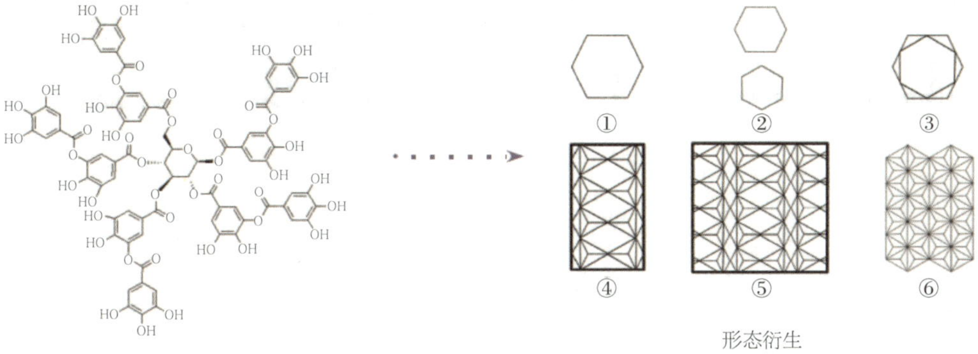

图 3.1.11　灵感来源：葡萄酒中单宁分子结构

（四）设计意向图

设计意向如图 3.1.12 所示。

图 3.1.12　设计意向图

（五）平面图及功能分区图

平面布局及功能分区如图 3.1.13 所示。

图 3.1.13　平面布局及功能分区

（六）手绘意向图及渲染效果图

手绘意向图及渲染效果图如图 3.1.14 所示。

图 3.1.14　手绘意向图及渲染效果图

（七）家具软装搭配

家具软装搭配如图 3.1.15 所示。

图 3.1.15　家具软装搭配

三、任务评价

本设计实训主要讲述了餐饮空间的概念设计、功能划分、界面分隔等。通过具体的案例分析将餐饮空间的设计程序、设计方法和设计结果一一展示，使学生能够更好地完成餐饮空间中式餐厅类的设计类型。

任务名称	中式主题餐厅头脑风暴图						
班级		学号		姓名		日期	
任务要求	请同学们以“春风、美景”为主题，为餐厅设计一个店名，并在空白处绘制出主题元素头脑风暴图						
绘制区域：							
中式主题餐厅名称							
提炼设计元素							
教师点评：							

任务二　咖啡厅空间设计实训

任务介绍

本任务通过对咖啡厅案例的学习和制作，使学生了解咖啡厅空间的设计理念和实施细节。通过项目的市场调研，实地考察不同类型的咖啡厅，分析其设计特点和运营模式。本任务从零开始构思咖啡厅的设计概念，包括主题、风格、设计元素等，然后制定详细的设计方案，包括平面布局、材料选择、家具配置，最终使学生能够熟练完成设计方案。

任务目标

通过设计实训使学生掌握设计咖啡厅空间所需的知识和技能，使之创造出既美观又实用的空间，同时满足消费者的需求和品牌的定位。通过理论学习和实践操作，了解详细的概念设计过程，帮助学生更好地理解概念设计，使之能够在未来的职业生涯中成功地设计出吸引人的咖啡厅环境，为后期就业打下坚实的基础。

知识目标

（1）通过理论知识的讲授，学习如何合理规划空间，包括座位布局、通道设计等，从而优化顾客流动和员工效率。

（2）通过研究人体尺寸和动作，设计符合人体工程学的家具和布局。

（3）学习如何使用颜色来影响顾客的情绪和体验。

能力目标

（1）培养学生对主题空间的平面和立面进行快速绘图的能力。

（2）培养学生灵活运用相关设计软件进行空间建模和渲染的能力。

（3）了解施工流程，培养学生如何与施工团队沟通协作的能力。

教学重点和难点

教学重点

通过设计实训，掌握咖啡厅空间室内设计的基本程序、方法，锻炼实践能力，提高对餐饮空间功能性的认识。

教学难点

在满足空间使用功能的同时，如何创作出具有新意的空间环境。

思政园地

在咖啡厅设计中融入社会主义核心价值观和政治理念。通过知名咖啡厅的品牌故事，为学生们传达积极向上的价值观，在服务中体现社会主义核心价值观，如提供公平的服务、关注弱势群体、倡导诚信经营等。

数字资源

教学视频
咖啡厅色彩分析

微课
咖啡馆品牌推广

微课
Loft 风格咖啡厅设计

微课
复古咖啡厅设计

微课
奶茶店设计装修攻略

教学视频
奶茶店设计要点解析

一、任务准备

（一）优秀设计案例分析：星巴克咖啡厅设计

星巴克室内空间设计是咖啡厅设计的典范，其品牌形象和顾客体验是咖啡厅空间的重要组成部分。星巴克的设计理念通常围绕创造一个温馨、舒适且具有社区感的空间，反映当地文化和环境特色。其设计理念来自“第三空间概念”，将自己定位为家庭和工作之外的“第三空间”，一个人们可以放松、社交和工作的场所。

1. 风格——美式复古工业风

星巴克始终致力于营造一种原始、自然且舒适的店内环境，这种风格通过未经雕琢的木材和砖石等元素得以体现，旨在为顾客提供一种感官上的平衡，从而达到放松身心的效果。店内设计强调材料的原始质感，以最朴素的方式诠释星巴克的品牌精神。利用回收的老木梁、锈蚀的铁板以及旧门板等材料，经过创意改造和加工，打造出具有星巴克特色的工业复古风格，这种设计不仅展现了品牌的生活哲学，也持续地为环保事业贡献力量。简而言之，星巴克通过其店铺设计传达了一种对自然材料的尊重和对可持续生活方式的承诺。（图 3.2.1）

图 3.2.1　星巴克咖啡厅内景

2. 空间界面设计

1）天花板设计

在星巴克的室内设计中，天花板的部分通常采用裸露的楼板结构，并通过将楼板涂成深灰色，营造出一种视觉上的延伸感，使空间显得更加高挑。为了增强店内的氛围，星巴克采用了重点照明策略，特别是在窗户旁的座位区和沙发区域，使用了吊灯来增添艺术气息。此外，柜台区和咖啡取餐区的天花板也经过了特别设计，突出区域的特色和功能性。这种设计手法不仅提升了顾客的体验，也强化了星巴克作为社交和休闲场所的品牌形象。

2）地面设计

星巴克在地面设计方面精心打造，采用复古风格的砖块拼贴工艺来装饰走道，结合水泥地坪和斯通哈（Stonhard）地坪漆，为顾客带来温馨而舒适的感受。座位区域则铺设木地板，以营造更加温暖和亲切的氛围。设计中融入木材、砖石和金属等自然元素，共同营造出一种温馨而质朴的空间氛围。

3. 软装饰——温暖的手作物品

在星巴克的空间设计中，手工制作的软装饰以其独特的温度和情感，展现出更为丰富和自然的纹理，墙面上的大量彩绘图案形成了星巴克独有的标志。手工艺作为一种设计元素，在星巴克的空间中从小处到大处不断延伸，体现了匠人的精湛技艺和手工制品的温暖质感，全方位地传达了品牌所承载的文化和情感。此外，星巴克的设计也注重融入当地的文化特色，以满足不同地区顾客的喜好和期待。这种设计理念不仅强化了品牌的全球形象，也确保了星巴克在各地都能提供一个与当地文化相融合的温馨环境。

在餐饮空间设计中，地域文化元素的融入不仅增强了品牌的本地化特色，也提升了顾客的沉浸式体验。例如，北京坊星巴克旗舰店（图 3.2.2）以京剧脸谱为灵感，采用茶包作为点元素拼成脸谱图形，巧妙地将传统文化与现代设计相结合。而天津大悦城星巴克门店（图 3.2.3）分别通过星巴克设计美学和天津传统民间艺术，利用泥人张非遗艺术表现形式，制作成装饰画，讲述品牌的历史和未来。同时，利用 1 300 多张咖啡滤纸拼贴成独特的装饰画，并以咖啡渍色彩为基调，生动还原了星巴克全球首店——西雅图派克市场门店的一张老照片。这些细节不仅展现了品牌对本土文化的尊重，也通过创意设计赋予空间独特的艺术氛围。

4. 灯光及照明规划

星巴克在咖啡之外更注重提供一种全面的“体验”，包括氛围的营造、个性化的店内布局、温暖的灯光以及轻柔的音乐等。在室内设计中，星巴克特别强调使用重点照明设备来塑造特定的氛围和情感，采用吊灯、壁灯和台灯等多种照明手段，共同营造出一个既舒适又具有品牌特色的空间。色彩搭配上，通常采用暖色调，以创造一个温馨舒适的环境。这种设计策略不仅增强了顾客的感官体验，也加深了星巴克作为社交和休闲场所的品牌形象。

图 3.2.2　北京坊星巴克旗舰店

图 3.2.3　天津大悦城星巴克门店

（二）知识点讲解

1. 咖啡厅空间分隔形式

咖啡厅空间的分隔形式是指在咖啡厅内部通过不同的设计手段来划分和组织空间，以创造出不同的功能区域和氛围。在咖啡厅空间中最常见的分隔形式主要分为以下几种。

1）半高墙或隔断

在咖啡厅空间设计高度适中的墙体或隔断，既可以提供一定的私密性，又不会完全封闭空间。半高墙通常与吧台或座位区结合使用，增加视觉上的层次感。

2）照明分隔

通过不同的照明设计来区分空间，如使用吊灯、壁灯或地灯来突出特定区域。照明可以作为视觉上的分隔，同时营造不同的氛围。

3）地面材质变化

通过改变地面的材质、颜色或图案来划分不同的区域。例如，使用木地板、地毯或地砖来区分用餐区和休息区。

4）天花板设计

在咖啡厅空间，可以利用天花板的高度、形状或装饰来区分空间。例如，在特定区域使用吊顶或不同的天花板装饰来创造分区效果。

5）动态分隔

使用可移动的隔断，如窗帘、折叠屏风或推拉门，可以根据需要灵活调整空间。动态分隔提供了空间使用的灵活性，适合需要经常变换布局的咖啡厅。

这些分隔形式可以根据咖啡厅的具体需求和设计理念进行组合和创新，以创造出既实用又具有吸引力的空间布局。

2. 动线设计要点

咖啡厅设计中的动线设计是指规划顾客和服务人员在空间内的移动路径，确保顾客和服务人员能够轻松移动，减少拥挤和碰撞，以确保流畅、高效和舒适的体验。

顾客流动路径：因咖啡厅空间一般面积都不是很大，但是需要设计清晰的主通道，确保顾客能够轻松找到入口、点餐区、座位区和出口，避免狭窄或拥挤的通道，确保顾客在高峰时段也能顺畅移动。

服务动线：规划服务人员的移动路径，使其能够高效地从点餐区到厨房，再到各个座位区。确保服务动线与顾客动线分开，减少交叉和冲突。

点餐与取餐区：设计合理的点餐和取餐区，使其靠近厨房，便于服务人员快速响应。确保点餐区有足够的空间供顾客排队，同时不妨碍其他顾客的流动。

座位布局：合理安排座位，确保每个座位区都有足够的空间供顾客进出，避免将座位紧贴通道，以免影响顾客的隐私和舒适度。

3. 室内色彩配色

咖啡厅空间的室内色彩配色对于营造氛围、吸引顾客和提升用户体验至关重要。不同的色彩可以影响人的情绪和行为，因此在设计咖啡厅时，选择合适的色彩搭配是非常重要的。色调主要有以下几种。

自然色调：以棕色、米色、绿色、奶油色为主色调，从而营造温馨、舒适和放松的氛围，适合希望顾客感到宁静和安逸的环境。

暖色调：以红色、橙色、黄色、金色组合为主色调，可以激发活力和热情，适合希望营造热闹和社交氛围的咖啡厅。

冷色调：以蓝色、绿色、灰色、白色为主色调，从而带来清新和宁静的感觉，适合喜欢清爽和专注的咖啡厅的顾客。

中性色调：以灰色、米色、白色、黑色为主。中性色调可以提供一个干净和简约的背景，适合希望专注于咖啡品质和环境的人群。

如果咖啡厅为连锁，那么整体色彩应与咖啡厅的品牌形象和定位相符。同时色彩还有调节室内大小的视觉效果，浅色调可以使小空间显得更大，深色调则适合大空间以减少空旷感。

4. 室内软装配饰

室内软装配饰指的是家具、窗帘、灯具、装饰品、艺术品、植物等。软装配饰设计对于营造氛围、提升用户体验和展示品牌形象至关重要。在家具选择上，家具的风格应与整体设计风格相协调，无论是现代、复古还是工业风。窗帘与布艺在材质的选择上至关重要，要选择透光性好的材质，如棉麻或薄纱，以营造温馨的氛围。窗帘的颜色和图案应与墙面和家具相协调，除此之外，还要考虑窗帘的遮光性和隐私性，特别是在需要调节室内光线和保护顾客隐私的区域。

在灯具选择上，使用不同类型的灯具（吊灯、壁灯、台灯、落地灯）创造多层次的照明效果。选择能够调节亮度和色温的灯具，以适应不同时间段和不同顾客的需求。灯具本身也可以作为装饰品，选择具有设计感的灯具可以提升空间的美感。

在装饰品与艺术品的选择上，应与咖啡厅的主题和品牌形象相呼应，也可以融入当地文化元素或艺术家的作品，增加空间的独特性和文化氛围。

通过一些小细节，如定制的杯垫、菜单、墙面装饰等，展示咖啡厅的个性和特色。设计一些互动元素，如留言板、拍照墙等，增加顾客的参与感和品牌记忆点。通过精心的软装配饰设计，咖啡厅可以创造出独特的空间体验，吸引并留住顾客，同时有效地传达品牌价值和理念。

二、任务步骤

（一）设计分析

1. 设计命题

图 3.2.7 为一栋高层建筑中的一层沿街商铺，楼层净高为 5.6 m，梁底标高为 4.6 m。面积为 67 m^2，为框架结构。请同学们自拟店名，确定空间设计风格，充分利用主题元素，突出品牌设计理念。设计内容应包括空间概念设计、平立面设计，空间效果图设计。设计方案能集展示、操作、销售、堂食、储存几方面需求于一体，兼顾堂食和外卖的需求。装饰材料使用上需低碳、环保、节能，充分考虑西照影响，采光要求遮阳不遮景。

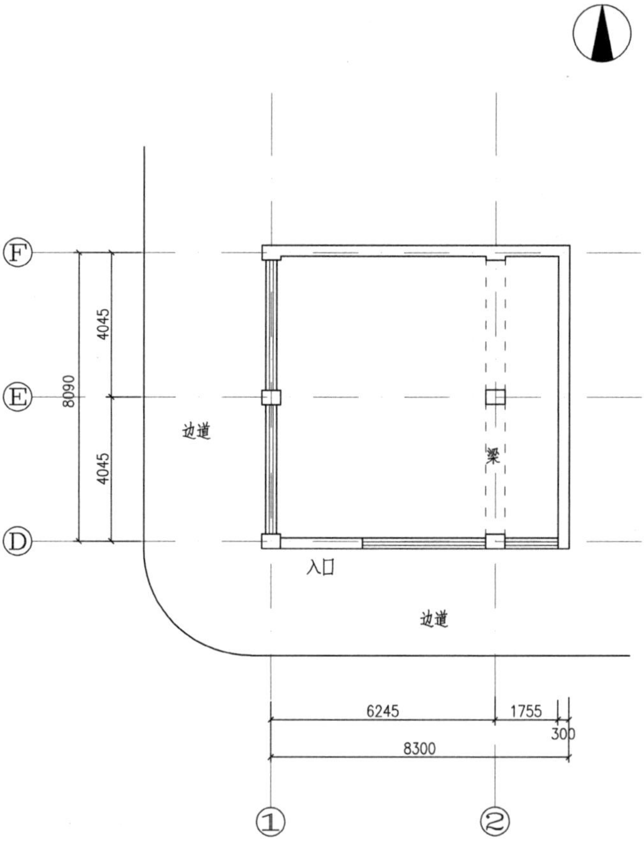

图 3.2.7　方案原始框架图

2. 区域地理位置分析

本次的咖啡厅项目选址于天津著名的国际文化旅游景点——五大道商圈。

五大道商圈位于天津市和平区，紧邻天津的中央商务区（Central Business District，CBD），与天津站、天津西站等主要交通枢纽相距不远，有多条公交线路和地铁线路覆盖，方便市民和游客到达，交通便利。该商圈以其保存完好的欧式建筑群而著称，这些建筑多为 20 世纪初的洋房，是天津近代历史的见证。这种独特的历史文化氛围吸引了大量游客和摄影爱好者。该商圈不仅有众多的历史建筑，还有各种特色商店、咖啡馆、餐厅和艺术画廊，形成了独特的商业氛围。这里既有传统的老字号，也有新兴的时尚品牌，满足了不同消费者的需求。

五大道是天津的重要旅游景点之一，每年都会吸引大量的国内外游客前来。在这里开设咖啡厅，可以充分利用旅游资源，吸引游客消费。同时五大道商圈周边居住着众多中高端居民，他们具有较高的消费能力和对生活品质的追求，为咖啡厅提供了稳定的本地客源。综上所述，五大道商圈因其独特的地理位置、历史文化、交通便利性、商业氛围和旅游资源，是一个开设咖啡厅的理想地点。

3. 设计定位

咖啡厅名称：旧时光咖啡工坊（Old Times Coffee Workshop）。

咖啡厅风格：复古轻工业风格。

咖啡厅空间布置：独立式双层空间。

服务对象：18~40 岁消费人群。

该空间面向怀旧情怀者，吸引喜欢怀旧氛围，对过去时光有特殊情感的人群，可能会在这里寻找到一个能够唤起回忆和情感共鸣的空间；面向文艺爱好者和创意工作者，欣赏艺术、设计和文化的人，可能会被咖啡厅的复古装饰和独特风格所吸引；并提供一个灵感迸发的环境，适合作家、艺术家、设计师等创意工作者在此工作、交流和寻找灵感；同时还面向寻求安静、舒适环境放松身心的人，可能会在这样一个有特色的地方享受一杯咖啡，阅读或思考。

旧时光咖啡厅可以通过其独特的装饰和服务，吸引上述不同类型的顾客，同时也可以通过举办主题活动、工作坊或音乐会等方式，进一步吸引和服务特定的目标群体。

（二）市场调研案例分析：漫咖啡

漫咖啡（Maan Coffee）是一个源自韩国的咖啡连锁品牌，由韩国商人辛子相在北京创办。漫咖啡以其独特的店内氛围赢得了消费者的口碑。品牌希望为人们营造一个多元化的“第三空间”，满足消费者在此谈天欢聚，商务洽谈，甚至更多需求。

在室内风格上，漫咖啡将自然、古典、浪漫和摩登完美融合。店内设计理念崇尚自然，设计高高的屋顶，室内装修用落地玻璃窗代替墙面，把自然引入室内。在房间内“栽种”树木，树上挂着各色灯饰，一到夜晚，室内树木灯光亮起，辉映着城市灯光，别有一番朦朦胧胧的诗意。室内应用大量红砖、原木、做旧水泥墙面，软装配饰添加了土耳其、东南亚风格的灯饰，再搭配形式各异的座椅，让顾客在享受咖啡的同时，也能体验到咖啡文化的新理念。漫咖啡的门店内，每桌的椅子都不相同，从简洁的折叠木椅到高靠背法式单人沙发，从美国西部风格软椅到高脚原木酒吧凳，各种风格的混搭椅子让顾客在漫咖啡找到舒适的坐姿。（图 3.2.8）

图 3.2.8 漫咖啡内景

（三）主题灵感来源

本设计的灵感汲取自上述调研案例“漫咖啡”的自然元素，源自那些被岁月雕琢的痕迹，由斑驳水泥墙和裸露金属水管构成的画布，古旧的家具散发出淡淡的木香，每一件都像是被精心挑选的古董，它们的存在让整个空间充满了温馨和亲切。昏黄的灯光从复古的灯具中洒下，照亮了每一处细节，也照亮了人们心中的那份怀旧情愫。枯枝在角落里静静地伸展，它们虽然失去了生命的绿意，却在这样的环境中找到了新的意义，成为装饰的一部分，与水泥墙和金属水管共同构建了一幅复古轻工业风格的画卷。

咖啡厅的包厢巧妙地融入了集装箱的元素，搭配着斑驳的水泥墙面、裸露的金属水管、古旧的家具摆设，以及昏黄的灯光和枯枝的点缀，共同营造出一个充满怀旧氛围和工业美学的空间。在这里，每一处设计都是对过去的致敬，每一次体验都是对时间的感悟。旧时光咖啡厅不仅是一个品尝咖啡的地方，更是一个让人沉浸在历史与现代交织中的奇妙空间。

通过头脑风暴法，该咖啡厅采用钢木、砖石、水泥、玻璃、树木、复古灯饰以及老旧桌椅作为整个空间主题设计元素。（图 3.2.9）

图 3.2.9　主题元素头脑风暴图

（四）设计意向图

1. 入口意向图

入口意向如图 3.2.10 所示。

图 3.2.10　入口意向图

2. 接待区意向图

接待区意向如图 3.2.11 所示。

图 3.2.11　接待区意向图

3. 大厅（散席）意向图

大厅（散席）意向如图 3.2.11 所示。

图 3.2.11　大厅（散席）意向图

（五）概念设计草图

空间设计的概念设计草图是设计师将创意和想法转化为可视化表达的第一步。根据市场调研的结果，了解目标顾客群体、竞争对手的设计风格以及流行趋势，同时分析了咖啡厅的定位、品牌形象和功能需求。下面通过简单的手绘绘制出平面布局图，包括入口、点餐区、座位区、厨房、卫生间等主要功能区域的位置。餐饮空间的功能分区（也就是平面设计）是整个空间设计的基础，合理的餐饮功能分区能使整个设计事倍功半。（图 3.2.12 至图 3.2.16）

图 3.2.12　咖啡厅空间序列

（a）　（b）

图 3.2.13　一、二层概念分区图
（a）一层概念分区草图　（b）二层概念分区草图

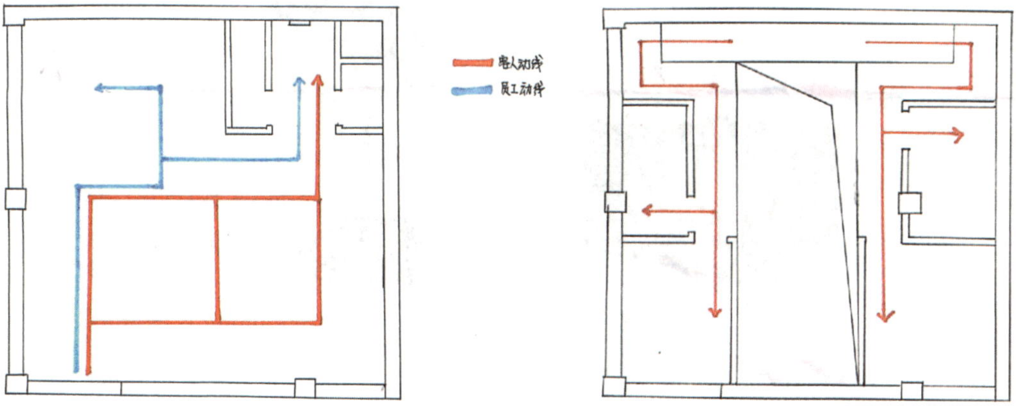

（a）　（b）

图 3.2.14　一、二层室内人流动线图
（a）一层动线分析图　（b）二层动线分析图

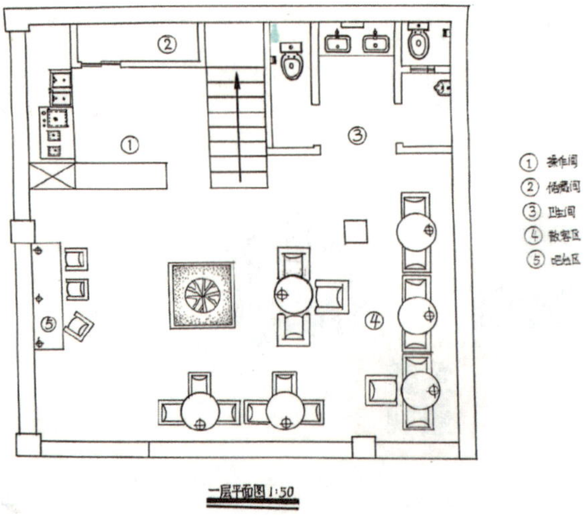

图 3.2.15　一层手绘平面布局

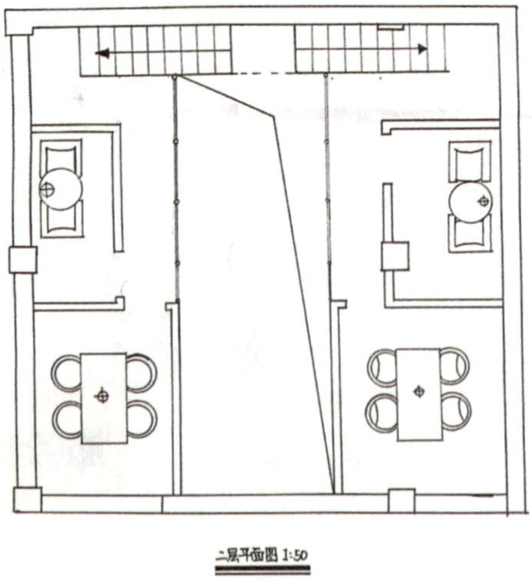

图 3.2.16　二层手绘平面布局

室内手绘草图是方案表现很重要的一个环节。设计师通过草图和手绘快速表达自己的设计想法和概念，便于与客户、团队成员或施工方沟通，确保设计意图被准确理解和执行。通过手绘在纸上快速尝试不同的布局、色彩、材质和装饰元素，寻找最佳的设计方案。可以详细展示家具、窗帘、地毯、灯具等软装配饰元素的样式、颜色和质感，帮助客户更直观地理解最终效果。一个方案从创意构思到最终实施，都离不开这些直观而富有表现力的视觉辅助手段。（图 3.2.17、图 3.2.18）

图 3.2.17　室内软装配饰手绘草图

图 3.2.18 手绘室内草图

（六）方案深化

空间方案深化是设计过程中的关键步骤，它通过细致的计算机辅助设计（Computer Aided Design，CAD）平面图和逼真的效果图，将初步概念转化为具体、可执行的设计方案，确保了设计理念的准确传达和实施，通过精确的尺寸标注和布局规划，为施工团队提供了明确的指导。效果图的制作完成能够直观展示空间氛围和装饰细节，帮助业主和设计师预见最终成果，从而在施工前做出必要的调整和优化。（图 3.2.19、图 3.2.20）

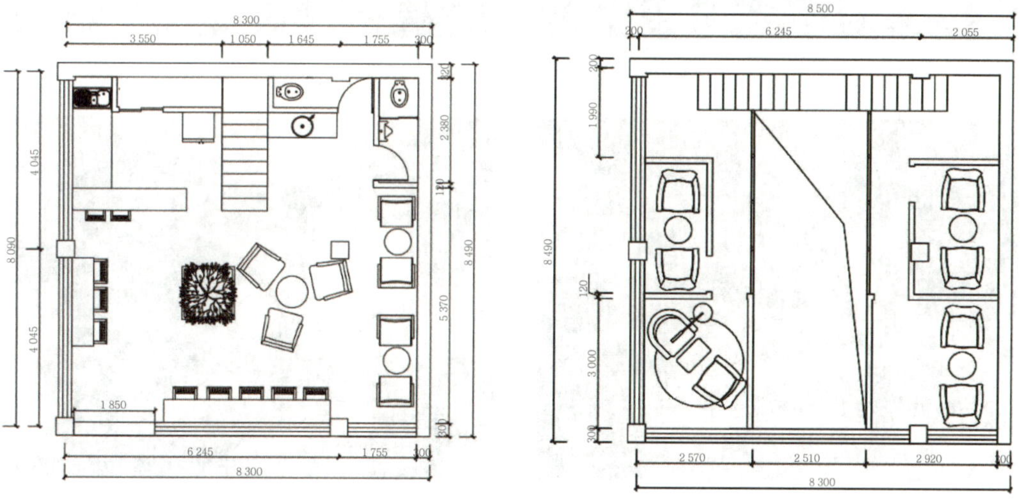

（a） （b）

图 3.2.19 CAD 平面图

（a）一层平面布局 （b）二层平面布局

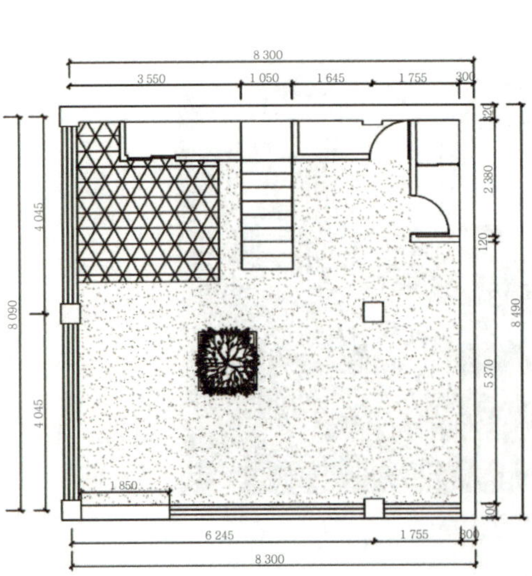

（c）

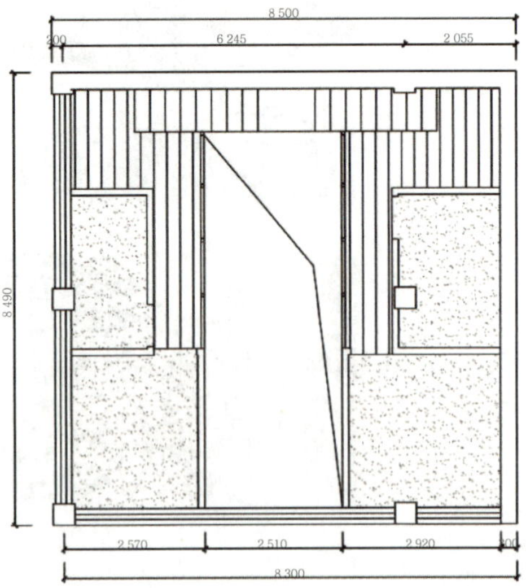

（d）

图 3.2.19　CAD 平面图（续）

（c）一层地面铺装　（d）二层地面铺装

（a）

（b）

（c）

（d）

图 3.2.20　空间效果图

（a）外立面效果图　（b）入口接待区（吧台）（c）散座　（d）包间

（e）

图 3.2.20　空间效果图（续）

（e）二层休闲区

（七）空间软装配饰设计细节

空间软装配饰设计细节如图 3.2.21 所示。

工业风的家具常有原木的踪迹。许多铁制的桌椅会用木板作为桌面或椅面，如此一来就能够完整的展现木纹的深浅与纹路变化。尤其老旧木材做起家具来更有质感。

（a）

图 3.2.21　室内软装配饰细节

（a）本设计案例家具分析

采用铁艺灯具配合暖色灯光。再搭配浅灰色水泥墙面，使整个空调变得更具有复古韵味。

（b）

裸露的管线是工业风格的搭配精神。不过金属材质过于冷调，可将金属与实木做混搭，既保持温度又不失粗扩感。

（c）

图 3.2.21 室内软装配饰细节（续）

（b）本设计案例室内灯具分析 （c）其它软装饰品分析

三、任务评价

本设计实训主要讲述了餐饮空间的概念设计、功能划分、界面分隔等设计方法。通过具体的案例分析将餐饮空间的设计程序、设计方法和设计结果一一展示出来，使学生更好地完成餐饮空间中咖啡厅类的设计课题。

同学们课下认真理解本案例的设计过程，以“年轮、岁月”为主题，设计咖啡厅空间的主题元素演变图形。

<table>
<tr><td>任务名称</td><td colspan="7">咖啡厅主题元素头脑风暴图</td></tr>
<tr><td>班级</td><td></td><td>学号</td><td></td><td>姓名</td><td></td><td>日期</td><td></td></tr>
<tr><td>任务要求</td><td colspan="7">请同学们以“年轮、岁月”为主题，为咖啡厅设计一个店名，并在空白处绘制出主题元素头脑风暴图</td></tr>
<tr><td colspan="8">绘制区域：</td></tr>
<tr><td colspan="2">咖啡厅品牌名称</td><td colspan="6"></td></tr>
<tr><td colspan="2">提炼设计元素</td><td colspan="6"></td></tr>
<tr><td colspan="8">教师点评：</td></tr>
</table>

任务三　红色旅游主题餐厅设计实训

任务介绍

本任务主要讲授红色旅游（简称“红旅”）主题餐厅设计，通过分析具有红色旅游特色的主题餐厅的设计案例，使学生了解特定主题空间的设计方法和实施细节。通过理论知识的讲授，使学生掌握特色装饰元素的收集与设计应用，理解如何通过空间规划、色彩运用、装饰元素选搭有效地突出空间装饰主题，以达到以红色旅游文化来吸引旅游者，感染和熏陶革命历史与革命情怀。课程中可结合相关主题的参观或网上调研，了解该主题的不同方案的设计实例，观察并比较不同设计方案中所呈现出来的具体特色和亮点，为开展该主题的设计实训做前期的准备工作。

任务目标

通过本案例的学习，掌握在红色旅游特色文化的场景空间环境中家具与陈设品的合理配置，空间中气氛的营造。

知识目标

（1）通过理论知识的学习，掌握如何围绕主题进行相关设计元素的调研，包括主题空间规划、灯光和色彩运用、软装配饰设计等，从而正确把握主题餐厅的风格定位。

（2）通过研究和分析，按主题要求合理进行开放空间与封闭空间的规划布局。

（3）学习如何通过围绕主题进行软装配饰和布景，增强就餐者的体验感。

能力目标

（1）培养学生对主题空间的平面和立面进行快速绘图的能力。

（2）培养学生灵活运用相关设计软件进行空间建模和渲染的能力。

（3）了解施工流程，学习如何与施工团队沟通协作。

教学重点和难点

教学重点

通过设计实训，掌握主题餐厅设计的基本程序、方法，锻炼实践能力，提高对主题类餐饮空间的综合设计能力。

教学难点

在满足空间使用功能的同时，合理选取并运用主题装饰元素。

思政园地

在红色旅游主题餐厅设计中融入红色革命史、英雄模范、社会主义核心价值观等思政理念，通过打造红色休闲旅游的餐饮环境，在营造轻松就餐环境的氛围下让公众了解革命的峥嵘岁月、英雄模范的故事，特别是向年轻一代传授红色文化和革命历史，向他们传达积极向上的价值观和政治理念，帮助他们了解国家的过去和先辈们的奋斗历程，增强民族自豪感和国家认同感。

数字资源

教学视频
餐饮空间的情绪表达——软装设计

微课
智能设计与餐饮品牌标志

微课
民宿设计——“传统”与“现代”并存

微课
古玩店之风

微课
地方风味特色餐厅空间设计

微课
金枪鱼精品餐厅分析

微课
泰式风格餐饮空间设计解析

微课
动漫主题餐厅——收获“第一桶金”

一、任务准备

（一）典型设计案例分析：天津红馆餐厅

天津红馆餐厅位于天津市津南区海河教育园区，周边聚集众多高等院校，交通便利，地理位置优越，是开展文旅产业的理想地点。该主题餐厅为大型商业综合体内的红色旅游主题餐厅，其最大的特色在于将现代餐饮模式与红色主题文旅体验相结合，配以具有红色革命气息的软装配饰来打造现代时尚风格的红色旅游主题。

1. 风格：现代时尚红色旅游风格

在天津红馆餐厅的空间装饰设计中，最凸显红色主体的是无处不在却又合理设置的“红色”元素。这不仅体现在餐厅入口处大面积的红色乳胶漆墙面涂装上，也体现在巧妙灵活选择和运用的各种“红色”主题元素的软装配饰方面。配饰品的气氛营造使在整体空间符合现代餐厅主流现代设计风格的基础之上，也很好地营造出红色旅游餐饮空间的氛围感。（图 3.3.1）

2. 空间色彩与动线规划

1）色彩搭配设计

红馆餐厅的外部入口处设有大面积的红色乳胶漆主题墙面，使得餐厅门头格外引人注目，在相邻店面中能够第一时间吸引顾客的目光。进入餐厅内部，墙面的主色调转为白色，这种色调差异有效避免了内外部墙面全部采用红色可能带来的紧张情绪和压迫感。同时，餐厅的吊顶搭配暖色灯带和筒灯照明，营造出一种温馨、团结向上的氛围。地面铺设了蓝灰色复合地板，不仅展现出高级感，也使顾客联想到红军时期军人穿着的蓝灰色土布军装，富有历史感。窗套及部分家具采用实木清油工艺，实木餐桌与靠背椅、红色沙发的混搭设计，使就餐环境显得既轻松又自然。墙面装饰上，以红色和蓝色为主基调的“标语墙”和张贴的红色主题海报，巧妙地传达了革命年代的历史色彩，整体空间色调和氛围完美体现了那个时代的独特风貌。(图 3.3.2)

图 3.3.1　天津红馆餐厅入口

图 3.3.2　天津红馆餐厅内部陈设布置

2)空间动线规划

该主题餐厅由于位于大型商业综合体的内部，整体规模不大，因此主要的动线规划在餐厅两侧及中间，就餐席在中部，这样的设置既简单明了，也符合该空间的基本情况。

3)软装配饰：红色精神文化元素

天津红馆餐厅的墙壁、桌椅、餐具等都考虑到了红色精神文化的传达，墙壁上的红色旗帜，顶面天花板垂吊的中式大红灯笼、醒目的“革命宣传标语”“天津改革开放成就图片”，以及视频播放的“革命题材影视作品”等，均传递出红色文化元素。同时就餐者使用的所有餐具也都与革命年代的记忆相关，让就餐者在用餐期间，也能领略那段峥嵘岁月……种种代入感让人重回那段激情燃烧的岁月，既能感受到抗战英雄的无畏精神，也能被警醒务必感恩现有的幸福生活。

(二)知识点讲解

1. 红色旅游主题餐厅空间布局

红色旅游主题餐厅的空间布局应该能够体现出革命时期的氛围和文化，同时也要考虑到现代餐饮的需求和顾客的舒适度。

1）主题明确

红色主题餐厅的空间布局应首先明确主题，营造出浓厚的红色文化氛围。通过装饰、色彩和灯光等元素的巧妙运用，可以有效实现这一目标。例如，餐厅可将红色作为主色调，空间立面上可以悬挂富含中国传统文化元素的装饰品，如中国结、红丝带、中国画等。此外，餐厅墙面还可以展示大量革命圣地、英雄模范的历史照片，或以革命为题材的艺术绘画作品，以此传递革命精神。空间中还可以张贴革命时期的标语，或在电子屏幕上滚动播放革命题材的影片，以增强文化氛围。

为了进一步突出红色文化主题，餐厅可以设置专门的展览区，展示革命时期的旧物件，帮助顾客更好地回忆历史、感受文化。此外，通过合理设计照明，利用不同灯光的搭配和布局，能够进一步烘托餐厅的氛围。绿植和花卉的恰当布置也能起到装饰和调节气氛的作用，同时可以增加空气的湿润度和氧气含量，从而提升顾客的用餐体验。

2）功能分区

在布局设计方面，红色旅游主题餐厅注重打造一个开放式的就餐区域，以增加顾客的交流和互动。餐桌布置成圆形或方形，便于顾客之间的面对面交流和谈话。同时，合理安排餐桌之间的距离，既能保障顾客之间的私密性，又能在不妨碍交流的前提下提供足够的私人空间。在布局设计上，还需要考虑到餐厅的功能分区，包括前台引导接待区、就餐区、厨房、洗手间等。这些区域应该根据餐厅的实际情况和顾客的需求来合理规划。例如，可以将就餐区设计成仿照革命根据地的样式，如使用木制桌椅和布草、仿古的灯具，墙面可以挂上反映革命时期的图画和照片。同时，也可以设置一些特色包间，包间的名称也可以具有革命特色，如命名为“井冈山”“延安”“西柏坡”等，这样很容易给就餐者带来历史的沉浸感。

3）空间层次

在空间分配上，可以考虑使用不同的材料和装饰元素来划分空间层次，如使用屏风、窗帘、地毯等。例如，可以将就餐区与其他服务区域分开，如设置一个吧台或休息区，提供来自革命老区、具有地方民俗特色的饮品和小食，这样既能满足顾客的多样化需求，又能增加人们对革命老区特色物产的了解。

红色旅游主题餐厅的空间布局设计不仅要突出红色文化的主题，还要兼顾实用性和安全性。通过合理的布局和装饰，可以为顾客提供一个既舒适又有教育意义的就餐环境。

2. 动线设计要点

红色旅游主题餐厅设计中的动线设计除了要考虑规划顾客和服务人员在空间内的移动路径，确保顾客和服务人员能够轻松移动，减少拥挤和碰撞外还需要考虑到通过动线的规划设计巧妙地做到“一步一景”，既通过空间的变化来串联起历史上不同革命阶段的图景和道具饰品，以带给就餐者应有的体验感。

1）就餐者动线设计

因为红色旅游主题餐厅空间一般以开放性空间为主，在设计中应具有清晰的主通道，确保就餐者能够轻松地从入口移步到点餐区、就餐区、卫生间、出口等。尽量避免狭窄或拥挤的通道设计，确保就餐时段不发生拥堵的现象。对于团体就餐的客人则在动线路径的设计上更应该需要考虑到视觉引导的作用，可以适当设置导引标识，让客人更容易识别。

2）服务员动线设计

规划服务人员的移动路径，使其能够高效地从点餐区到厨房，再到各个座位区。此外还要在包间区域规划好导引路径，确保服务人员能对团体客人进行有效的引导。服务人员的动线与客人的动线尽量能够分开，减少交叉和冲突。

3）点餐与取餐区

设计合理的点餐和取餐区，使其靠近厨房，便于服务人员快速响应。确保点餐区有足够的空间供顾客排队，同时不妨碍其他顾客的流动。

4）座位布局

合理安排座位，确保每个座位区都有足够的空间供顾客进出。避免将座位紧贴通道，以免影响顾客的隐私和舒适度。

5）顾客体验

考虑动线设计对顾客体验的影响，确保顾客在移动过程中能够享受到愉悦和放松的氛围。设计中应考虑顾客的隐私和社交需求，创造适宜的交流和独处空间。

3. 室内色彩配色

围绕主题进行室内空间的配色，红色旅游主题餐厅的色彩设计主要以红色为主，搭配上其他色彩，各色彩之间的舒适比例及冷暖的恰当组合，使红色旅游主题餐厅显得具有和谐而积极向上气氛。

1）主题色

红色旅游主题餐厅的色彩设计首要考虑的是红色。红色在中国文化中具有特殊的意义，它代表喜庆、吉祥和革命。在餐厅设计中，红色被广泛应用于墙面、家具、餐具、配饰品等，以此来营造出一种热烈、喜庆的氛围，同时也强调了红军主题的文化背景。例如，在长沙的一家名为“有茗塘”的红军文化主题餐厅中，店内的装潢以红色为主色调，包括大红纸、庄稼院、麻布帘子等，再现了当年红军战士的生活场景。

2）辅助色彩

在红色旅游主题餐厅的色彩设计中，黑色与白色也被用作重要的辅助色彩。黑色常用于突出红色的对比度，如黑色的桌椅、黑色的餐具等，使得红色更加鲜明突出。而白色则常常被用于墙面、窗帘等大面积的覆盖物上，与红色形成鲜明对比，同时也能为餐厅增添一丝高雅的气息。

3）色彩搭配技巧

在红色旅游主题餐厅的色彩搭配上，设计师通常会运用对比和协调的原则。红色与黑色、白色的对比使得餐厅既充满活力又不失稳重。此外，通过巧妙地搭配绿色植物、金属装饰品等其他色彩元素，可以使整个空间更加丰富多彩，同时也能为顾客提供一种舒适的用餐环境。

4）色彩的情感表达

红色在心理学中通常被认为是一种激昂、热烈的颜色，能够激发人的斗志和激情。在红军主题餐厅中，红色的使用不仅仅是为了美化环境，更重要的是传达一种革命精神和战斗意志。通过红色的主题色彩设计，餐厅希望能够唤起顾客对革命历史的回忆和敬仰。（图 3.3.3）

图 3.3.3　红色旅游主题餐厅的色彩配色卡范例

4. 软装配饰设计训练

红色旅游主题餐厅设计方向确定后就可以开始按主题风格的需要进行空间中相关家具与软装配饰品的调研和选配训练。本主题软装配饰品选配训练范例如图 3.3.4 所示。

图 3.3.4　红色旅游主题餐厅软装配饰品范例

二、任务步骤

（一）设计分析

1. 设计命题

图 3.3.5 为一层结构临街商铺，楼层净高为 5.6 m，梁底标高为 4.6 m，面积近 400 m^2，为框架结构。设计命题为红色旅游主题风格的餐厅空间装饰设计，具体餐厅品牌名称可自行拟定。充分挖掘红色旅游文化的元素，突出红色理念。设计内容应包括空间概念设计、平立面设计，空间效果图设计。设计方案能集展示、操作、销售、堂食、储存等方面需求于一体，兼顾堂食和土特产销售的需求。装饰材料及家具陈设、软装配饰除考虑环保要求外也应符合红色旅游餐厅的主题营造要求。

2. 区域红色旅游元素分析

本次红色旅游主题的设计命题定位于天津地区的红色旅游主题餐厅空间装饰设计项目，选址位于天津蓟州区官庄镇联合村，联合村作为革命老区，村名就是冀东抗日名将包森命名的。

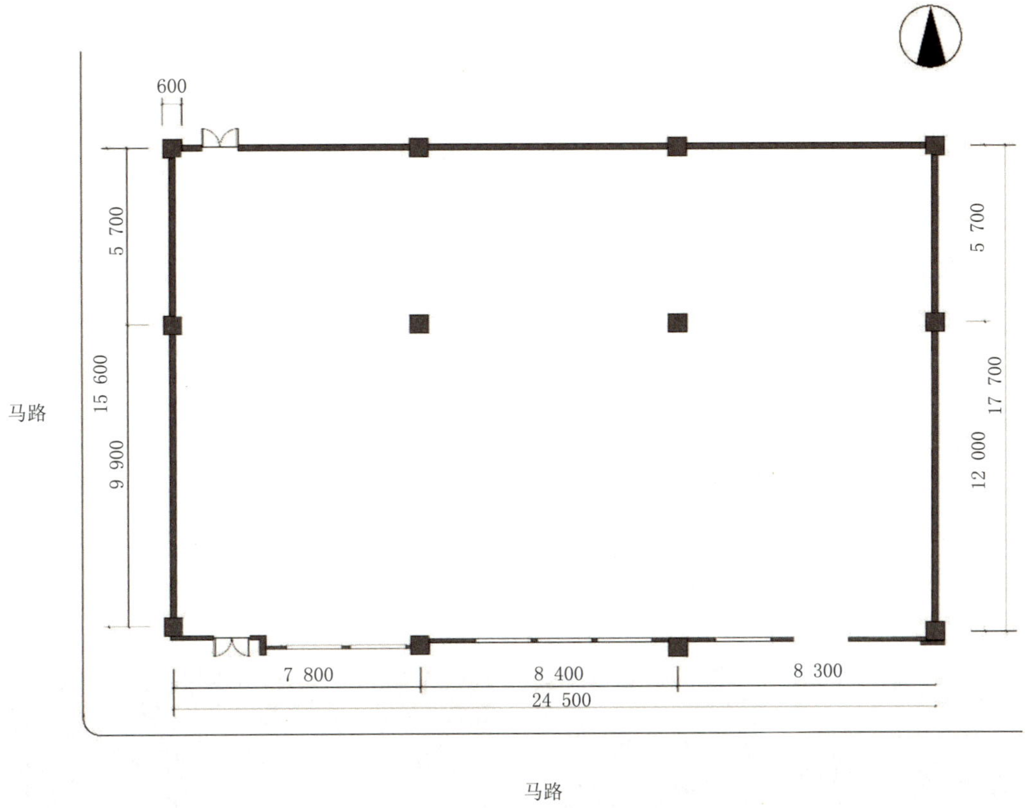

图 3.3.5　红色旅游主题餐厅命题原始平面图

80 多年前，包森、李子光等革命先辈在梁后庄会议上，决定把盘山地区 20 多个居民点划为一个村，作为冀东地区一个抗日基层政权。从这时开始，联合村成为本市抗战史上重要的一页。追溯历史，村民的祖辈大部分都是抗战英雄，这个村子蕴含着丰富的党史文化资源，传承着坚韧不屈的革命精神。

3. 设计定位

1）红色旅游主题餐厅品牌定位

通过对该地域红色革命历史和乡土文化的综合调研，结合当地丰富的农副业物产情况，本次红色旅游主题餐厅品牌定位于配合乡村农家旅游、文旅休闲旅游性质的特色餐厅。设计中将通过硬装和软装的设计手段将联合村红色革命历史和乡土人文等元素融入设计项目中，塑造乡村红色文化旅游的特色。

2）红色旅游主题餐厅经营内容

红色旅游主题餐厅经营内容主要是以当地的农副产品为原材料，具有健康营养特色的早餐、午餐和晚餐。同时也提供火锅和烧烤，以及具有地方特色的农特产等。

3）红色旅游主题餐厅空间布置

红色旅游主题餐厅空间的基础为独立式单层空间。为突出红色旅游主题团结奋进、劳动人民大团结的革命气氛，餐厅除有多个相对安静封闭的包间外，主体空间设计中保持通透性，空间中随处可见通过软装来呈现出的红色年代元素，营造一种红色喜庆的氛围。

4）服务对象定位

红色旅游主题餐厅的服务对象主要定位为城市休闲游游客、初高中及大学生红色旅游游学体验者。

（二）市场调研案例分析：天津某主题餐厅

红色旅游主题餐厅装饰设计前期对天津某主题餐厅以及网络平台上其他的同类型红色旅游主题餐厅进行了细致的调研，其中重点对餐厅规模、整体风格定位、内部空间规划、空间色彩、家具布置、软装饰品运用等方面进行梳理研究。（图 3.3.6）

图 3.3.6　餐厅外景

经调研，目前市场上红色旅游类餐厅大部分还是以中小规模为主，大规模的相对较少，面积一般在 200~400 ㎡。在整体风格的定位上主要分为两种类型，一种是以怀旧与朴素为主的风格；另一种则是现代前卫与红色革命元素相结合的混搭风格。前者比较适合老人、中年人群体及以体验为目的都市白领，后者则更受到追求“新奇特”的年轻人青睐。在餐厅内部的规划方面怀旧风格的主题餐厅大多以开放空间为主进行设计，中规中矩，动线明确。现代前卫风格的主题餐厅在空间的规划方面则要灵活得多，开放与封闭空间形式多种多样，有的甚至还可以根据需要进行灵活的调整。在空

间色彩方面，上述两种风格基本均以红色作为主体色，其他如白色、黄色、棕色、绿色作为辅助色。（图 3.3.7）

图 3.3.7　餐厅主色调

家具和软装配饰对于红色旅游主体的营造也起到了至关重要的作用，有的红色旅游餐厅为突出革命年代艰苦朴素的优良传统，在家具的选择上下了很大功夫，例如老式长凳、老式餐桌，甚至是老款的桌布都在空间中整齐的成组布置。而一些比较现代风格的红色旅游餐厅则没有太关注于老式家具，而是以舒适性为主的家具进行布置，如卡座、软包座椅等。配饰方面各个红色旅游主题餐厅基本上均大量布置、张贴或悬挂具有红色革命年代感的饰品、老旧海报、宣传标语和图片等。（图 3.3.8）

图 3.3.8　餐厅“红色元素”配饰品

（三）主题灵感来源

通过对红色旅游主题餐厅装饰设计的前期调研，根据收集的大量有益素材和实际案例，得到本设计主题的启发是该类主题的硬装方面应采用现代风格的设计手法，而在软装配饰方面应突出“红色元素”的主题亮点，运用好这些元素能够达到烘托主题，营造气氛的作用。另外通过阅读大量红色革命时期的书籍和观看革命时期影视作品得到了艺术构思方面的灵感。（图 3.3.9）

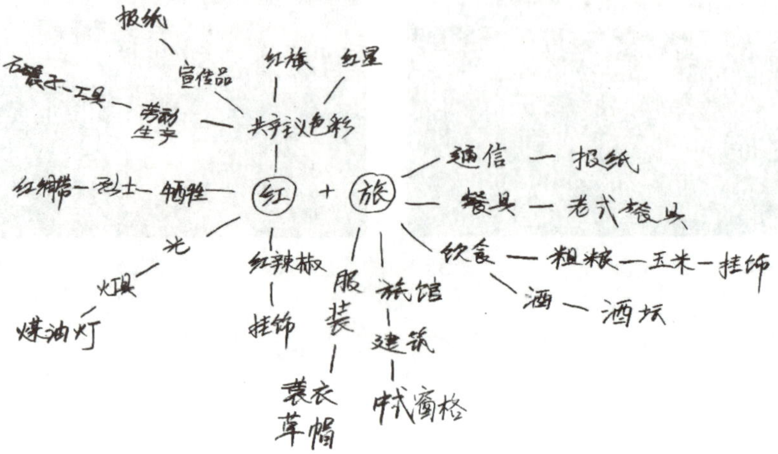

图 3.3.9　主题元素头脑风暴图

（四）设计意向图

1. 入口意向图

入口意向如图 3.3.10 所示。

图 3.3.10　入口意向图

2. 接待区意向图

接待区意向如图 3.3.11 所示。

图 3.3.11　接待区意向图

3. 散席意向图

散席意向如图 3.3.12 所示。

4. 包间意向图

包间意向如图 3.3.13 所示。

图 3.3.12　散席意向图

图 3.3.13　包间意向图

（五）空间平面规划设计

空间平面规划设计要求设计师能够根据原始空间面积、建筑结构按照新的设计意图进行空间规划设计。根据市场调研的结果，确定了风格主题和相关的配饰元素，并形成了方案设计效果的意向图。下面为根据原始空间平面图通过手绘的方式绘制出的平面布局图，包括入口、点餐区、散席区、包间区、卫生间、后厨区等主要功能区域的位置、动线设计、家具布置等。（图 3.3.14 至图 3.3.16）

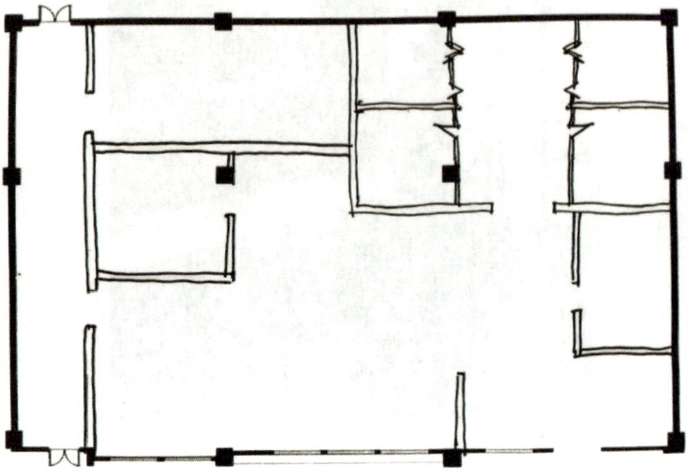

图 3.3.14　平面空间规划草图

图 3.3.15　平面空间功能分区图

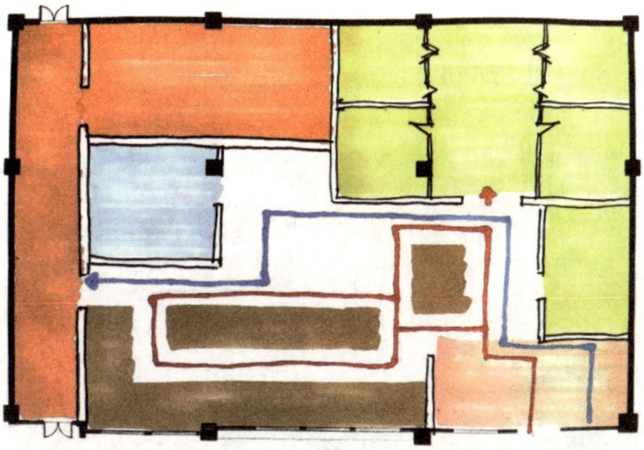

图 3.3.16　客人（红线）与服务人员（蓝线）动线规划图

（六）方案深化

空间方案深化中要根据提供的场地平面图纸结合前期的调研结果，绘制细致的 CAD 平面图和渲染制作方案效果图，将初步概念转化为具体、可执行的设计方案，为后期具体指导施工提供依据。

1. 餐厅平面布置图

餐厅平面布置如图 3.3.17 所示。

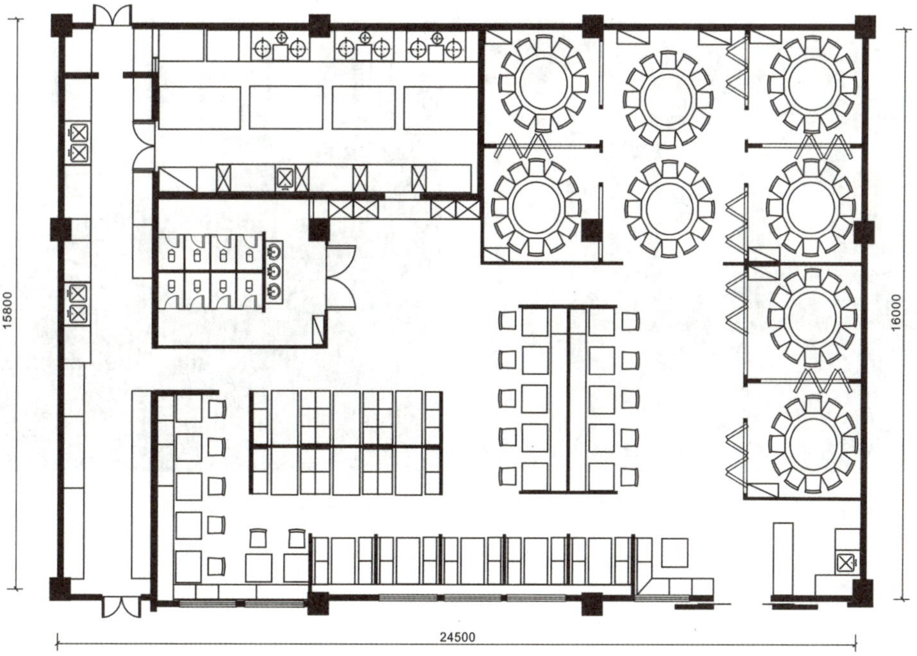

图 3.3.17　餐厅平面布置图

2. 餐厅入口

餐厅入口效果如图 3.3.18 所示。

图 3.3.18 餐厅入口效果图

3. 接待台

餐厅接待区效果如图 3.3.19 所示。

4. 散席效果图

餐厅散席效果如图 3.3.20 所示。

图 3.3.19 餐厅接待区效果图

图 3.3.20 餐厅散席效果图

5. 包间设计效果图

餐厅包间设计效果如图 3.3.21 所示。

图 3.3.21　餐厅包间设计效果图

（七）空间软装配饰设计细节

空间软装配饰设计细节如图 3.3.22 和图 3.3.23 所示。

家具的选配采用混搭的形式，一方面在开放的餐厅空间中配置现代简约风格的座椅和卡座作为主要的家具；另一方面是在相对封闭的包间中采用中国传统的中式家具。如此安排能够实现现代与古典的完美结合。

图 3.3.22　室内红色旅游元素家具配置图

其他软装饰品分析

餐厅空间中主要的配饰品很好地突出了“红色元素”，包括：中国风吊顶、红色题材宣传画、红辣椒挂饰、红绸带挂饰、红色五星等。

图 3.3.23　室内红色旅游元素软装配饰图

三、任务评价

本设计实训主要讲解了红色旅游主题餐饮空间的概念设计、功能划分、主题元素挖掘等设计内容。通过具体的案例分析将红色旅游主题餐饮空间的设计程序、设计方法和设计结果呈现出来，使学生能够更好地完成主题类餐饮空间的构思和设计实践。请在理解本任务的案例设计过程后，自行调研并完成以“红色旅游餐饮空间”为主题的设计元素头脑风暴图。

<table>
<tr><td>任务名称</td><td colspan="7">红色旅游主题餐饮空间配饰元素头脑风暴图</td></tr>
<tr><td>班级</td><td></td><td>学号</td><td></td><td>姓名</td><td></td><td>日期</td><td></td></tr>
<tr><td>任务要求</td><td colspan="7">请以“红色旅游餐饮空间”为主题，自行拟定一个具体的餐厅品牌名称，进行相关配饰元素的调研，在下面空白处绘制出主题元素头脑风暴图。</td></tr>
<tr><td colspan="8">绘制区域：</td></tr>
<tr><td colspan="2">红色旅游主题厅品牌名称</td><td colspan="6"></td></tr>
<tr><td colspan="2">提炼出的设计元素</td><td colspan="6"></td></tr>
<tr><td colspan="8">教师点评：</td></tr>
</table>

任务四　亲子餐厅设计实训

任务介绍

本任务学习亲子餐厅设计概念与背景、设计理念、空间布局，并分析国内外成功的亲子餐厅案例，进行实践与反馈，旨在为学生提供理论知识和实践技能的结合，使学生能够设计出既美观又实用的亲子餐厅空间，以满足现代家庭的需求。

任务目标

知识目标

（1）培养学生了解不同文化背景下的亲子互动方式和审美偏好。

（2）使学生掌握环境艺术设计的基本理论和原则，包括美学、功能性和人体工程学。

（3）培养学生重点掌握如何合理规划空间，包括流线设计、功能区划分和空间利用效率。

能力目标

（1）培养学生能够创造性地思考，并具备创意思维能力。

（2）培养学生理解空间布局的重要性，并具备合理规划亲子餐厅的用餐区、游乐区、活动区等空间的能力。

（3）培养学生的绘图技能，能够掌握 CAD、3D 建模等技术，以准确表达设计方案。

教学重点和难点

教学重点

合理规划亲子餐厅的空间布局，确保儿童游乐区、就餐区、家长休息区等功能区域的有机结合，同时保证空间的流动性和安全性。

教学难点

运用创新思维，结合最新的设计理念和技术，提出新颖的亲子餐厅设计方案。

思政园地

培养学生的社会责任感和对环境的关怀，在亲子餐厅设计中需要考虑儿童的安全和健康，在环境设计中融入可持续发展的理念，如使用环保材料、节能设备，倡导绿色生活方式。

数字资源

微课
亲子餐厅设计如何避坑

微课
亲子空间氛围营造

微课
特色亲子餐厅设计

教学视频
快餐店空间设计

一、任务准备

（一）优秀案例分析：天津 MAMAKIDS 儿童餐厅

MAMAKIDS 是一家主打亲子游乐的餐厅，根据品牌的 logo“M”衍生出太空兔的 IP 形象。入口处做了一个充满科技感和未来感的太空兔仰望星球的景观。（图 3.4.1）

1. 空间布局

一楼根据 IP 形象规划了静态游玩区和动态游玩区，兔子喜欢蘑菇，静态游玩区做了半圆形状蘑菇屋、动态游玩区有大型滑梯和海洋球；二楼是阅读厅，有小滑梯、沙子区、玩具区、高空爬索道；三楼有水果超市、面包店、仿真厨房、游戏厅、餐厅；四楼有餐厅、换装区、阅读区。（图 3.4.2）

图 3.4.1　餐厅入口

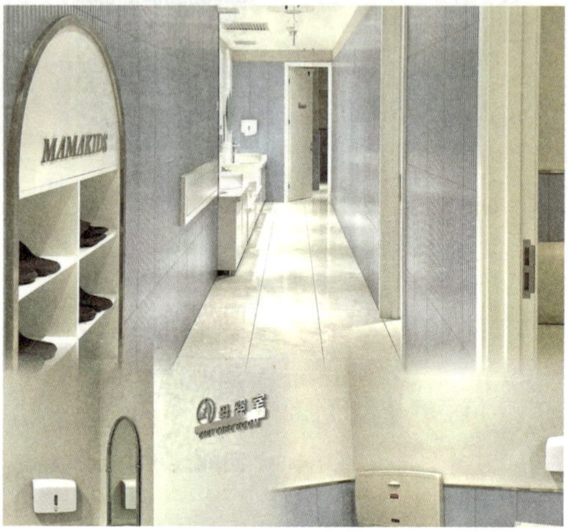

图 3.4.2　餐厅内部

2. 色彩搭配

色彩不仅能够影响空间的氛围，还能激发儿童的想象力和创造力。选择太空银色作为整个空间的主色调，营造出一种现代和科技感，并通过亮蓝色的点缀增加空间的活力，再利用色彩的渐变效果，创造出科技感和梦幻效果，吸引儿童的注意力。

3. 软装配饰

所有设计元素，包括家具、装饰和餐具，都与太空的主题保持一致，以营造一个连贯的就餐环境。

（二）知识点

1. 亲子餐厅空间布局

亲子餐厅作为一种新兴的餐饮空间类型，旨在为家庭提供一个既能享受美食又能增进亲子关系的场所。进行亲子餐厅空间布局设计时，要注意以下几个要素。

（1）分区明确：餐厅应划分不同的功能区域，如儿童游乐区、就餐区、母婴室等，以满足不同年龄段儿童和家长的需求。考虑到不同家庭的需求，亲子餐厅可以设置多功能区域，比如可以举办生日派对的包间或提供亲子烹饪课程的区域。

（2）互动性：亲子餐厅应鼓励家长与儿童之间的互动，可以通过设置共同参与的游戏或活动区域来实现这一点。

（3）主题性：许多亲子餐厅采用特定的主题来吸引儿童，如童话、太空探险等，这些主题不仅体现在装饰上，也可以融入餐厅的各个角落，为孩子们创造一个梦幻的就餐环境。

（4）细节设计：亲子餐厅在细节上也应考虑周到，比如设置适合儿童身高的洗手台、马桶等卫生设施，以及便于家长照看孩子的透明隔断等。

（5）环境氛围：亲子餐厅的环境氛围应该既能够激发儿童的想象力，又能让家长感到放松和舒适。设计还应考虑五感体验，包括视觉、听觉、触觉、嗅觉和味觉，以提供一个全面的感官体验，还可将自然元素融入设计中，比如使用木材、植物等，可以营造出温馨和舒适的环境，让孩子们感觉更加亲近自然。

亲子餐厅的空间布局设计是一个综合性的考量，需要兼顾美观性、实用性和儿童心理，以创造一个既适合儿童游玩也适合家庭聚餐的环境。

2. 动线设计要点

（1）顾客与服务动线分离：亲子餐厅中，顾客动线和服务动线应明显区分，以确保顾客体验和餐厅运营效率。例如可以通过通道形式将儿童和大人的动线区分，既保护了儿童安全，又方便他们在不同娱乐区域穿行。

（2）活动区域的可视性：亲子餐厅设计中，应保证家长在用餐区可以方便地观察到孩子的活动区域。

（3）流畅性与导向性：餐厅动线应保持流畅，便于顾客和员工的移动，同时要有良好的导向性，使顾客能够轻松找到座位和离开的路线。

通过综合考虑以上要点，亲子餐厅的动线设计可以有效地提升顾客的用餐体验，同时确保餐厅运营的高效和安全。

3. 室内色彩配色

亲子餐厅的室内色彩配色对于营造愉悦且吸引儿童的环境是至关重要的。以下是一些亲子餐厅室内色彩配色的关键点。

（1）选择温馨符合儿童审美的色彩：亲子餐厅适宜选用暖色系，如黄色、橘红色等，这些色彩显得温馨能促进食欲。儿童对色彩的感知度和辨识度比成人更为敏感，亲子餐厅的色彩设计应符合儿童的审美需求，使用他们偏爱的色彩，如粉红、浅蓝、红色等。

（2）创意色彩设计：亲子餐厅可以通过创意色彩设计，如使用特殊材质或光影效果，激发儿童的好奇心和探索欲。趣味性设计可以通过色彩来增强，如使用有趣的符号和图案，增加儿童对餐厅空间的记忆。

（3）色彩与主题结合：如果亲子餐厅有特定的主题，如童话森林或太空冒险，色彩设计应与这些主题相匹配，增强空间的趣味性和沉浸感。

通过综合考虑以上要点，亲子餐厅的色彩配色可以有效地吸引儿童和家长，同时提供一个既美观又实用的用餐环境。

4. 软装配饰设计训练

亲子餐厅的室内软装配饰设计不仅需要考虑美学和舒适性，还要兼顾儿童的安全和教育意义。以下是一些亲子餐厅室内软装配饰设计的关键点。

（1）主题化设计：以特定主题如“太空冒险之旅”来设计亲子餐厅，可以激发孩子的想象力，并增加空间的趣味性。

（2）安全性与舒适性：在软装设计中，确保所有家具和装饰的安全性，避免尖锐边角，使用柔软的材料，如软包沙发，确保儿童的安全与舒适。

（3）互动性设计：设计互动性强的软装，比如可变形的座椅和多功能的玩具，促进家长和儿童之间的互动。使用透明或半透明的隔断，让家长在用餐时可以看到孩子在游乐区的活动，减少担心同时保持视觉联系。

（4）教育意义：亲子餐厅的软装配饰设计可以融入教育元素，比如设置艺术展览区和中央小厨房，让孩子在用餐的同时进行学习和体验。在亲子餐厅中加入自然元素，如户外牧田，让孩子近距离接触农作物，增强对自然的感知。

（5）软装配饰细节：在卫生间等细节处也需注意色彩和材质的选择，确保整体设计的协调性，并满足儿童的使用需求。

通过上述设计要点，亲子餐厅的室内软装配饰设计可以更好地服务于家庭，提供一个既美观又实用，同时富有教育意义的空间。

二、任务步骤

（一）亲子餐厅的主题创意灵感的来源

根据调研案例，灵感来源于泡泡，泡泡无色透明，会折射出彩虹一样的光谱，但也稍纵即逝，无法捉摸。

一楼打造了一个暗暗的深度梦境，采用哈哈镜作为游戏空间的边界，扭曲的镜面也扭曲了场所的真实感。二楼采用柔和明亮的照明设计，在发光顶棚柔和的光照下，仿佛光的森林。这森林背后是门厅、卫生间、备餐区、取餐台以及进入一层的黄色大楼梯。屋顶上用双层穿孔铝板搭建了红色飞屋。沿着黄色的“线索”，经过一个不锈钢的水面，绕过泡泡树，曲折走向屋脊。在主要空间的边缘设有“粉色回忆”卫生间和“海洋之声”卫生间，还有镜池、不锈钢的滑梯、蹦床和泡泡树，以及一个神秘的绘本区。

通过头脑风暴法，该餐厅采用童话森林、高大的树屋城堡、温馨的彩色作为整个空间的主题灵感来源进行整体装饰。（图 3.4.3）

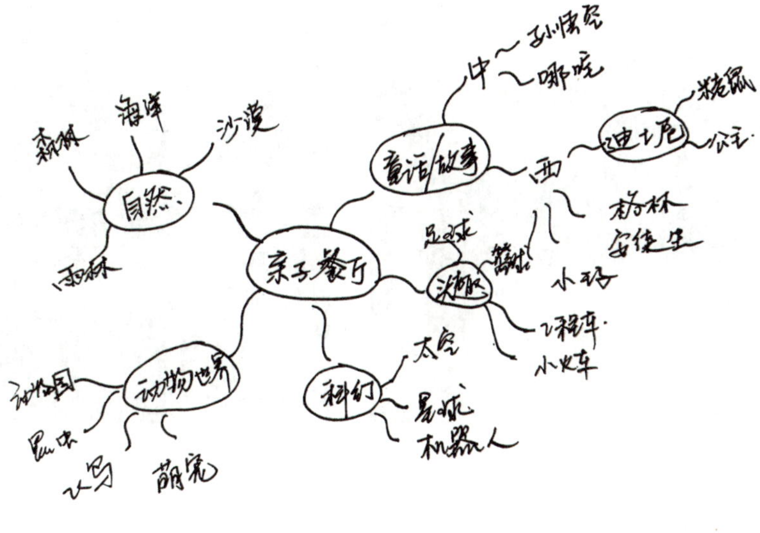

图 3.4.3　设计灵感

（二）设计意向图

1. 入口意向图

入口意向图如图 3.4.4 所示。

图 3.4.4　入口意向图

2. 大厅、散席意向图

大厅、散席意向图如图 3.4.5 所示。

图 3.4.5　大厅、散席意向图

3. 娱乐区意向图

娱乐区意向图如图 3.4.6 所示。

图 3.4.6　娱乐区意向图

（三）任务分析

1. 设计命题

图 3.4.7 为一层结构临街商铺，楼层净高为 6 m，梁底标高为 5 m，面积近 450 m^2，为框架结构。设计命题为亲子主题风格的餐厅空间装饰设计，具体餐厅品牌名称可自行拟定。设计内容应包括空间概念设计、平立面设计、空间效果图设计。设计方案集展示、操作、销售、堂食、储存等方面需求于一体，兼顾堂食和儿童娱乐需求。装饰材料及家具陈设、软装配饰除考虑安全环保要求外也应符合亲子餐厅的主题营造要求。

2. 区域地理位置分析

该项目位于天津滨海新区，东临渤海，北与河北省唐山市相邻，南接天津市静海区，西与天津市中心城区相连，地理位置优越。周边拥有丰富的旅游资源，如东疆港和方特欢乐世界等知名景点，此外，周大福中心和国家海洋博物馆等地标性文化设施也为区域增添了独特魅力，是亲子游的理想目的地。项目位置拟定在东疆亲子海滩附近的底商，交通便利，环境宜人。

3. 设计定位

1）品牌名称

亲子餐厅品牌名称为“梦”主题亲子餐厅，旨在打造一个充满童趣与想象力的就餐空间，让孩子和家长在温馨的氛围中享受美食，共同度过美好的亲子时光。

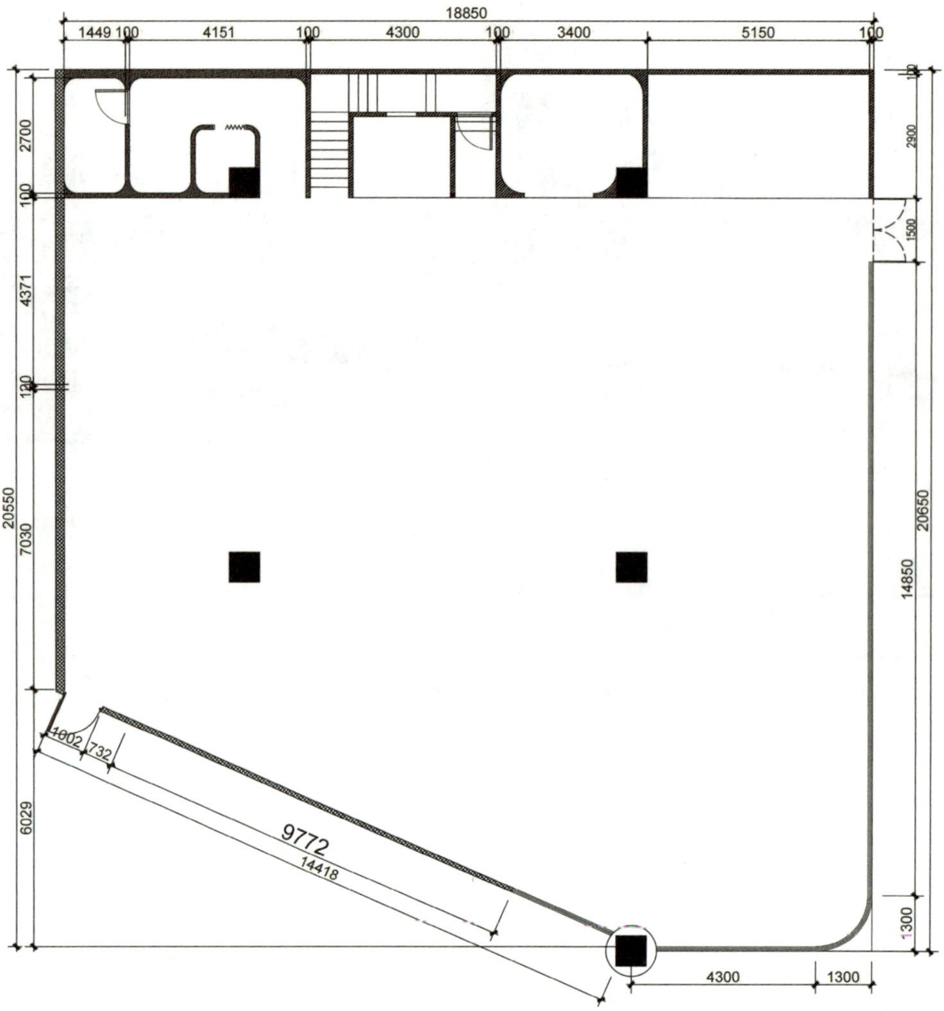

图 3.4.7　原始平面图

2）经营内容

亲子餐厅的经营内容以就餐、娱乐教育和亲子互动为核心。作为专为家庭，尤其是带有小孩的家庭设计的餐饮场所，亲子餐厅不仅提供美味的餐饮服务，还致力于为家庭创造一个集娱乐、教育与亲子互动于一体的综合体验空间，帮助家长与孩子在享受美食的同时，增进亲子关系，提升孩子的学习与探索兴趣。

3）空间布置

亲子餐厅的设计注重灵活布局，采用可移动的家具和装饰，以便根据不同活动需求快速调整空间布局。同时，餐厅设置了多个多功能区域，如就餐区、游乐区、阅读角和派对区等，旨在满足不同家庭的需求。此外，餐厅还特别考虑了游乐设施的设置，配置了安全的滑梯、攀爬架、球池等设施，为孩子们提供一个既安全又充满乐趣的游乐空间。

4）服务对象

亲子餐厅的目标客户包括不同类型的家庭。对于幼儿家庭，餐厅主要服务 0~6 岁的幼儿及其家长，提供适合幼儿的餐食和安全的游戏设施；儿童家庭则主要面向 6~12 岁的儿童及其家长，提供符合儿童口味和营养需求的餐点。对于年轻父母，特别是 80 后和 90 后的父母，餐厅注重孩子生活品质和亲子互动，打造一个更具温馨和互动感的用餐环境。同时，餐厅也为多子女家庭提供服务，确保其设施和活动能够满足不同年龄段孩子的需求，确保每个家庭成员都能获得愉悦的用餐和娱乐体验。

（四）市场调研案例分析：俞挺 WutopiaLab 儿童餐厅

俞挺 WutopiaLab 儿童餐厅位于秦皇岛市阿那亚文化社区。该项目将会所的一翼二层作为儿童餐厅，设计师重新规划了功能流线，把入口大厅放在二层，由室外楼梯直接导入，二层主要是自助用餐大厅以及包间。一部分人可以通过弧形大楼梯进入一层星空笼罩下的游戏大厅，同时一层还有一个利用边角空间形成的绘本馆；另外一部分人则可以由一个楼梯通向餐厅的标志构筑物，用明黄色作为功能流线的线索，把这些空间串联了起来。（图 3.4.8 至图 3.4.11）

图 3.4.8　餐厅内部

图 3.4.9 餐厅楼梯

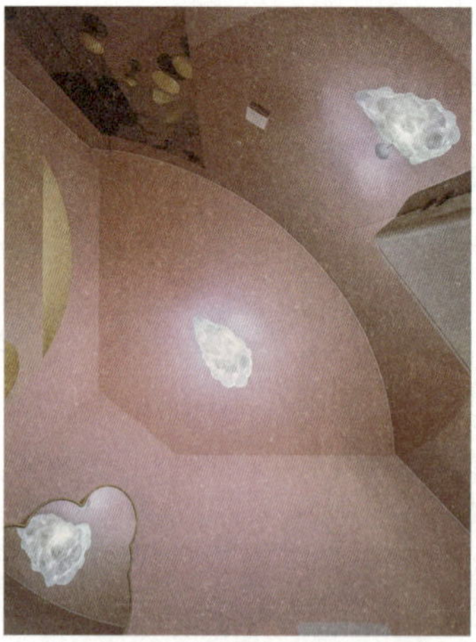
图 3.4.10 餐厅顶面

图 3.4.11 餐厅走廊

图 3.4.11 餐厅一层

（五）概念设计草图

空间设计的概念设计草图（图 3.4.12）是设计师将创意和想法转化为可视化表达的第一步。根据市场调研的结果，了解目标顾客群体、竞争对手的设计风格以及流行趋势。同时，分析餐厅的定位、品牌形象和功能需求。然后，通过简单的手绘绘制出平面布局图，包括入口、点餐区、座位区、厨房、卫生间等主要功能区域的位置。（图 3.4.13 至 3.4.15）

童趣

空间中充满童趣，
激发儿童的探索欲望。

互动

空间中增加交流和互动，
结交更多的朋友，
充满快乐，在快乐中学习。

多变

空间是多变的，
可以按在不同时间段有不
同的灯光氛围，
有不同的使用功能。

图 3.4.12　概念设计

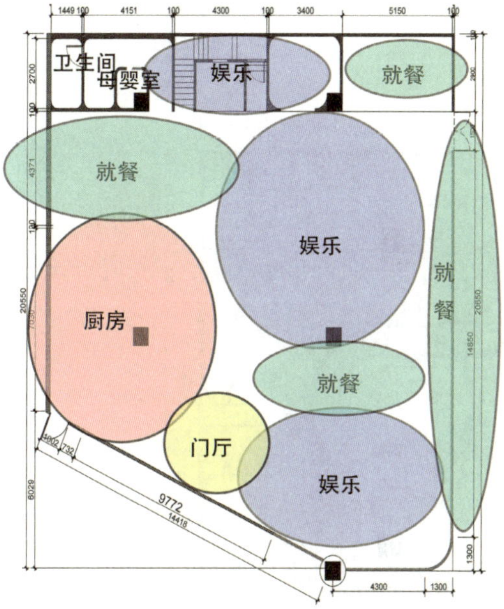

图 3.4.13　概念分区图

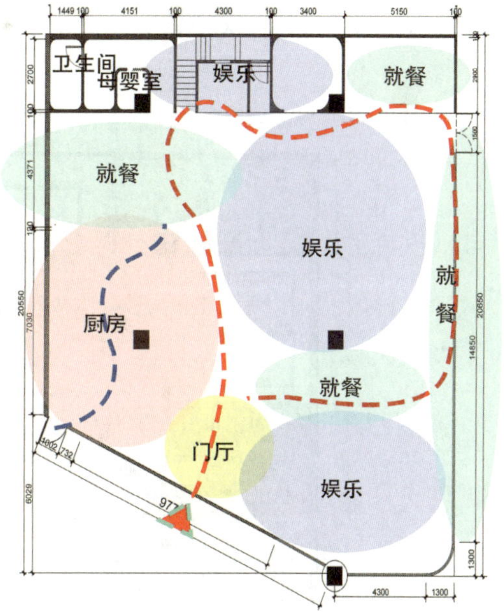

图 3.4.14　动线分析图

图 3.4.15　手绘草图

（六）方案深化

方案深化包括 CAD 平面布局图（图 3.4.16）、手绘草图 CAD 顶面布局图（图 3.4.17）以及空间效果图（图 3.4.18）。

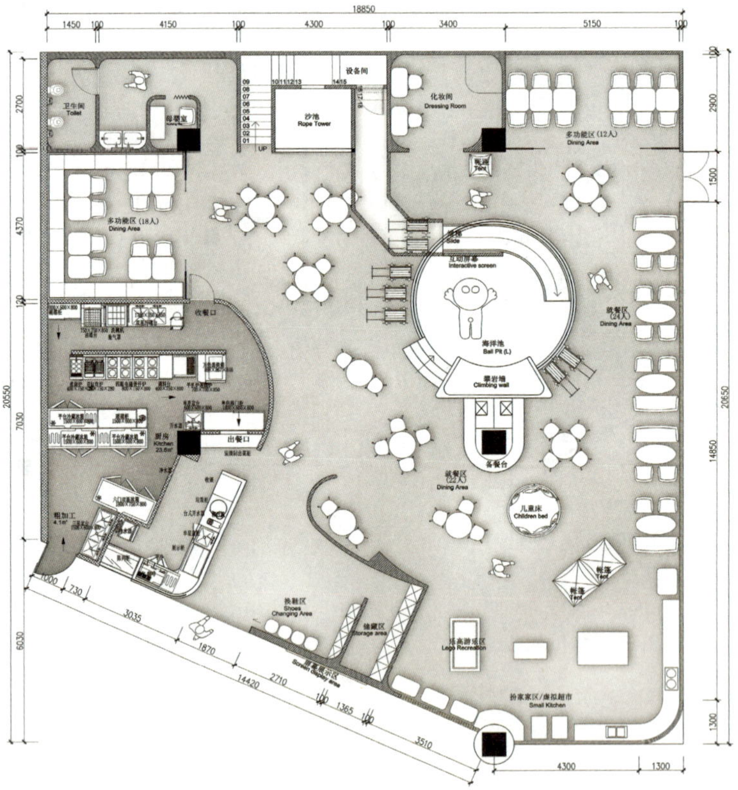

图 3.4.16　CAD 平面布局图

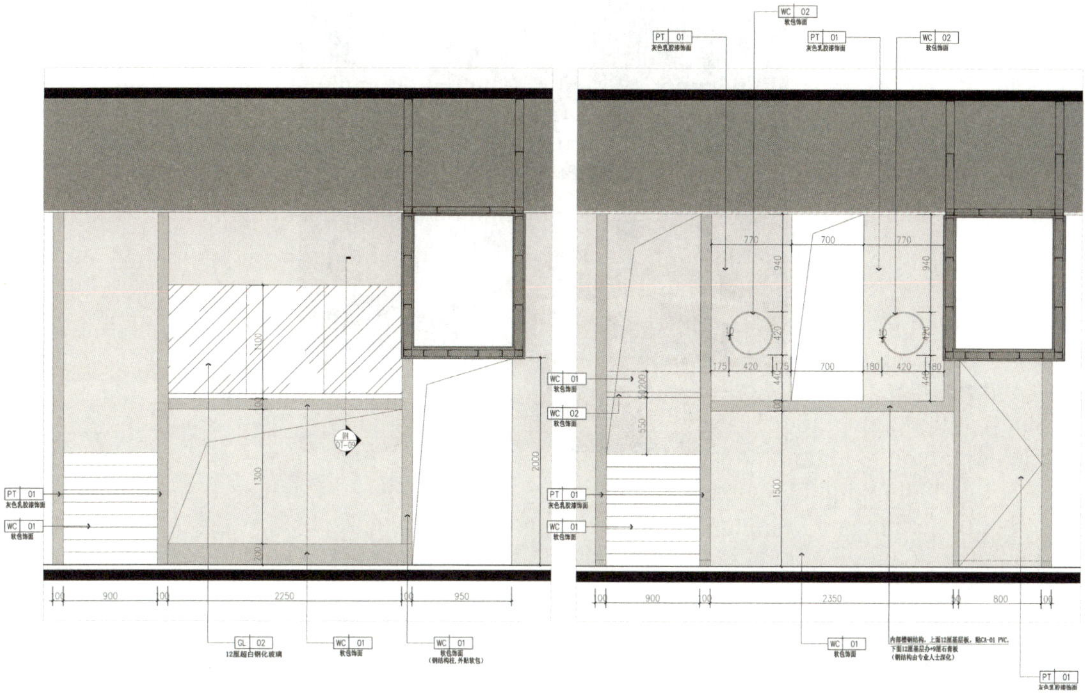

图 3.4.17　手绘草图 CAD 顶面布局图

（a）　　　　（b）

图 3.4.18　空间效果图

（a）娱乐区　（b）就餐区 1

（c）

图 3.4.18　空间效果图（续）

（c）就餐区 2

五、任务评价

本设计实训主要讲述了餐饮空间的概念设计、功能划分、界面分隔等设计方法。通过具体的案例分析将餐饮空间的设计程序、设计方法和设计结果展示出来，使学生能够更好地完成餐饮空间中亲子餐厅类的设计课题。请认真理解本案例的设计过程，以“童话”为主题，设计亲子餐厅空间的主题元素演变图形。

<table>
<tr><td>任务名称</td><td colspan="7">亲子餐厅主题元素头脑风暴图</td></tr>
<tr><td>班级</td><td></td><td>学号</td><td></td><td>姓名</td><td></td><td>日期</td><td></td></tr>
<tr><td>任务要求</td><td colspan="7">请同学们以“童话”为主题，为亲子餐厅设计一个店名，并在空白处绘制出主题元素头脑风暴图。</td></tr>
<tr><td colspan="8">绘制区域：</td></tr>
<tr><td colspan="2">亲子餐厅品牌名称</td><td colspan="6"></td></tr>
<tr><td colspan="2">提炼设计元素</td><td colspan="6"></td></tr>
<tr><td colspan="8">教师点评：</td></tr>
</table>